Ihre erfolgreiche Initiativbewerbung

Bewerbung Last Minute

Christian Püttjer und **Uwe Schnierda** kennen die Wünsche und Hoffnungen, aber auch Sorgen und Nöte von Bewerberinnen und Bewerbern seit rund 20 Jahren. Ihre umfassenden Erfahrungen aus der Optimierung von Bewerbungsunterlagen, aus Einzelcoachings und aus Seminaren bringen sie in ihre praxisnahen Ratgeber ein, die exklusiv im Campus Verlag erscheinen. Die konkreten Tipps, die klare Sprache und die motivierende Unterstützung von Püttjer & Schnierda haben schon über einer Million Leserinnen und Lesern weitergeholfen.

PÜTTJER & SCHNIERDA

Ihre erfolgreiche Initiativbewerbung

Campus Verlag
Frankfurt/New York

FSC
www.fsc.org
MIX
Papier aus verantwortungsvollen Quellen
FSC® C008492

ISBN 978-3-593-39626-2

4., aktualisierte Auflage 2012

Umschlagfoto: Becker Lacour, Frankfurt am Main
Gestaltung: hauser lacour, Frankfurt am Main
Satz: Publikations Atelier, Dreieich
Druck und Bindung: Beltz Druckpartner, Hemsbach
Gedruckt auf Papier aus zertifizierten Rohstoffen (FSC/PEFC).
Printed in Germany

Dieses Buch ist auch als E-Book erschienen.
www.campus.de

Inhalt

Einleitung

Warten Sie nicht darauf, dass Sie zufällig im Stellenmarkt der Zeitungen oder in Jobbörsen im Internet die passende Stellenanzeige finden, sondern werden Sie selbst aktiv. Die Initiativbewerbung ist ein hervorragendes Mittel, um sich bei interessanten Arbeitgebern selbst ins Gespräch zu bringen. Erschließen auch Sie sich den verdeckten Stellenmarkt.

Die Beweggründe für eine Initiativbewerbung können vielfältig sein: Manche Bewerberinnen und Bewerber wollen, andere können nicht darauf warten, dass eine geeignete Stelle ausgeschrieben wird. Manchmal sind die Zustände am momentanen Arbeitsplatz so katastrophal, dass es besser ist, den Arbeitgeberwechsel so schnell wie möglich zu vollziehen. Ein anderes Mal fehlen schlichtweg passende Stellenanzeigen für das eigene Qualifikationsprofil. Hinzu kommt, dass sich viele Bewerber nicht nur auf die Firmen beschränken wollen, die offensiv neue Mitarbeiter suchen.

Das sollten Sie sich merken:
Viele Jobs werden mittlerweile nicht mehr offen ausgeschrieben. Die Firmen setzen auf Kontakte ihrer Mitarbeiter im privaten und beruflichen Umfeld und auf engagierte Bewerber, die sich selber ins Gespräch bringen.

Sowohl für diejenigen, die aus der sicheren Deckung eines bestehenden Arbeitsverhältnisses nach neuen Aufgaben suchen, als auch für diejenigen, die sich eine neue Stelle suchen müssen, ist die Initiativbewerbung unverzichtbar. Auch ein weiterer Gedanke spricht für die Initiativbewerbung: Ist es nicht viel interessanter, mit dem Wunscharbeitgeber in Kontakt zu kommen, als sich auf die Firmen beschränken zu müssen, die zufällig gerade neue Mitarbeiter suchen?

Fällt es vielen Bewerbern schon schwer genug, die Anforderungen an schriftlichen Unterlagen zu erfüllen, wenn sie auf eine Stellenanzeige reagieren, so sind die Schwierigkeiten bei der Initiativbewerbung noch größer. Ohne konkrete Stellenanzeige ist natürlich wesentlich mehr an Vorarbeit gefragt: Welche Kenntnisse könnten die Firma überhaupt interessieren? Wer ist der richtige Ansprechpartner für die Bewerbung? In welchen Arbeitsbereichen kann man sich eine Mitarbeit vorstellen? Wie lassen sich die eigenen Stärken herausstellen?

Aus unserer täglichen Beratungspraxis wissen wir, dass fehlgeschlagene Initiativbewerbungen leider noch häufig die Regel sind. Dies liegt aber nur in den seltensten Fällen am Profil des Bewerbers, sondern fast immer an der Art der Aufbereitung des eigenen Könnens.

Das sollten Sie sich merken:
Nur wer selbst die Argumente liefern kann, die für seine Einstellung sprechen, wird Gehör finden. Sie müssen deshalb Ihre Einstellungsargumente kennen und überzeugend präsentieren.

Firmenvertreter haben weder Zeit noch Lust, in lieblos zusammengeschusterten Unterlagen nach Fakten zu suchen, die für den Bewerber sprechen. Dies gilt erst recht für unaufgefordert eingesandte Unterlagen wie die Initiativbewerbung.

Lassen Sie sich von uns zeigen, was aus Unternehmenssicht über Erfolg und Misserfolg einer Initiativbewerbung entscheidet. Orientieren Sie sich an unseren Ausführungen und Beispielen, um passgenaue, stärkenorientierte und glaubwürdige Initiativbewerbungen auf den Weg zu bringen.

Wir werden Ihnen im Einzelnen erläutern,

- → **warum Initiativbewerbungen keine Blindbewerbungen sind,**
- → **wie Sie Ihre beruflichen Stärken und Vorlieben herausfinden,**
- → **wie Sie sich ein Kurzprofil zur persönlichen Kontaktaufnahme erarbeiten,**
- → **warum Sie das Telefon für Ihre Initiativbewerbung nutzen sollten,**
- → **was ein überzeugendes Initiativanschreiben enthalten sollte,**
- → **wie sich ein aussagekräftiger Initiativlebenslauf gestalten lässt,**
- → **was Sie bei Ihrem Bewerbungsfoto beachten müssen,**
- → **warum eine Leistungsbilanz aussagekräftiger als eine dritte Seite ist,**
- → **wann eine Kurzbewerbung sinnvoll ist,**
- → **was in Ihre Bewerbungsmappe gehört,**
- → **welche Besonderheiten für die E-Mail-Bewerbung gelten**
- → **und wie Sie nach dem Versand Ihrer Unterlagen geschickt am Ball bleiben.**

Lassen Sie sich durch unsere Tipps und Praxisbeispiele in diesem Ratgeber inspirieren, erstellen Sie Ihre Unterlagen auf Basis der

Püttjer & Schnierda-Profil-Methode®, damit Sie mit einer passgenauen, stärkenorientierten und glaubwürdigen Initiativbewerbung überzeugen können. Was wir darunter verstehen, erläutern wir Ihnen jetzt. Und dann geht es los mit Ihrem praxiserprobten Bewerbungstraining zum Thema Initiativbewerbung.

Bewerben mit der Püttjer & Schnierda-Profil-Methode®

Gesichtslose Bewerber, die wie austauschbar erscheinen, machen es sich und den Unternehmen unnötig schwer, zueinander zu finden. Machen Sie es besser: Sie werden sich im Bewerbungsverfahren mehr Aufmerksamkeit verschaffen, wenn Sie Ihr Profil aussagekräftig und glaubwürdig vermitteln können. Die Profil-Methode®, die wir dazu in unserer rund 20-jährigen Beratungspraxis entwickelt haben, hat schon vielen Bewerbern zu mehr Erfolg verholfen (www.karriereakademie.de).

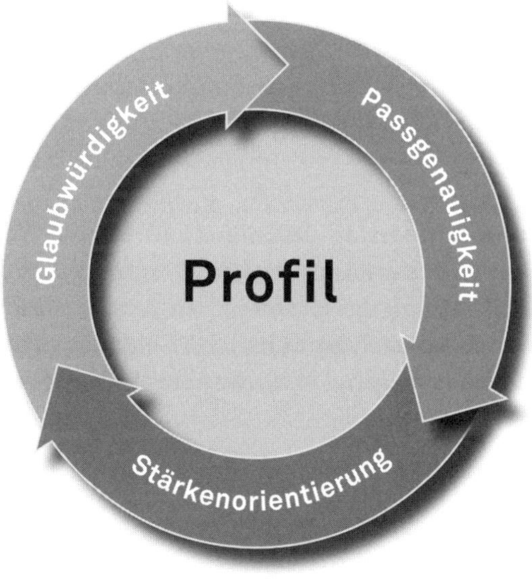

Drei Kernelemente kennzeichnen die Profil-Methode®: Punkten Sie mit einer passgenauen Bewerbung, vermitteln Sie Ihre Stärken, und treten Sie glaubwürdig auf.

1. Passgenauigkeit: Je besser Sie in Ihrer Bewerbung auf die Anforderungen der Stelle eingehen, desto höher ist Ihre Erfolgsquote. Machen Sie sich den Blick der Personalverantwortlichen zu eigen. Die Ausgangslage Ihrer Argumentation sollten immer die Anforderungen des Unternehmens und der zu vergebenden Stelle bilden. So wird Ihre Bewerbung passgenau.

2. Stärkenorientierung: Niemand lässt sich durch Krisen- und Problemschilderungen überzeugen – auch Unternehmen nicht! Verzichten Sie deshalb auf Abwertungen und Relativierungen und stellen Sie lieber Ihre Vorzüge in den Mittelpunkt Ihrer Bewerbung. So werden Ihre Stärken sichtbar.

3. Glaubwürdigkeit: Verbiegen Sie sich nicht im Bewerbungsverfahren, Ihre Persönlichkeit ist gefragt! Verstecken Sie sich nicht hinter Leerfloskeln und abstrakten Formulierungen, liefern Sie stattdessen nachvollziehbare Beispiele, die Ihre Bewerbung mit Leben füllen. So gewinnen Sie Glaubwürdigkeit.

Alle im Campus Verlag erschienenen Bücher von Püttjer & Schnierda basieren auf der Profil-Methode®. Profitieren auch Sie vom Wissen der Experten. Nutzen Sie diesen Ratgeber dazu, sich Schritt für Schritt Ihr eigenes Profil zu erschließen und es anderen mithilfe einer Initiativbewerbung zu vermitteln.

1. Voll im Trend mit der Initiativbewerbung

Stellenanzeigen in Tageszeitungen und Internet-Jobbörsen sind immer dünner gesät. Verlassen Sie sich deshalb nicht allein auf das, was man Ihnen anbietet, sondern suchen Sie nach anderen Möglichkeiten, um (Wunsch-)Firmen anzusprechen. Hierbei ist die Initiativbewerbung das Mittel erster Wahl.

Es gibt einige Gründe dafür, dass Unternehmen nicht alle freien Stellen ausschreiben. Nicht an letzter Stelle steht hierbei, die Kosten von Anzeigen und für das Auswahlverfahren zu sparen. Vor allem in kleineren Firmen ist zudem auch personell gesehen die große Flut an eingehenden Bewerbungen nach einer Stellenanzeige ein Problem. Aber auch Firmen mit größerer Personalabteilung haben schon die Erfahrung gemacht, von Bewerbern überrannt zu werden. Daher verzichten viele Firmen ganz bewusst darauf, ihre freien Stellen extern zu veröffentlichen – insbesondere dann, wenn sie gutes Personal schon auf anderen Wegen gefunden haben, beispielsweise durch Empfehlungen von Mitarbeitern, Kontakte zu Lieferanten oder Kunden, deren Mitarbeiter einen Wechselwunsch äußern, oder schlichtweg unaufgeforderte Bewerbungen. Einige Firmen legen sogar einen sogenannten Bewerberpool an: Sie sammeln interessante Bewerbungen, um sich dann, wenn Stellen frei werden, mit den jeweiligen Absendern in Verbindung zu setzen.

In großen Firmen kann es auch an internen Verfahren liegen, dass eine freie Stelle (noch) nicht ausgeschrieben ist. Dies ist beispielsweise der Fall, wenn die Fachabteilung einen Spezialisten sucht, aber die Personalabteilung erst sehr spät benachrichtigt hat. Wenn Sie dann mit Ihrer Initiativbewerbung in die Lücke zwischen der Bedarfsmeldung der Fachabteilung und der Ausschreibung der Stelle durch die Personalabteilung stoßen, haben Sie einen klaren Vorteil.

Machen Sie sich jedoch gleich zu Anfang eines klar: Eine Initiativbewerbung ist keine Blindbewerbung. In Blindbewerbungen sind in der Regel weder ein berufliches Profil des Bewerbers und erst recht kein Abgleich mit den Anforderungen des Unternehmens oder der Stelle zu erkennen. Zumeist werden dann Standardfloskeln im Anschreiben und schablonenhafte Lebensläufe an viele Unternehmen verschickt, in der Hoffnung, dass irgendjemand sich daraufhin meldet. Eine Initiativbewerbung unterscheidet sich davon ganz erheblich, vor allem durch die geleistete Vorarbeit.

Das sollten Sie sich merken:
Wer mit seiner Initiativbewerbung Erfolg haben will, muss anhand seiner Bewerbungsmappe deutlich machen, dass er Initiative gezeigt hat – und zwar schon vor dem Versand seiner Unterlagen.

Personalberater in eigener Sache

Um Ihnen die Vorteile einer guten Vorbereitung vor Augen zu führen, möchten wir Sie bitten, einmal in die Rolle eines Personalberaters oder Headhunters zu schlüpfen. Deren Vorgehensweise ist sehr systematisch, weshalb Sie sich daran ein Beispiel nehmen können.

Zunächst klärt der Personalberater mit der Fachabteilung, über welches Fachwissen, welche Branchenerfahrung und welche speziellen Berufskenntnisse der Wunschkandidat verfügen sollte. Anschließend wird er von der Personalabteilung erfragen, welche Arbeitsabläufe typisch sind und wie die Unternehmenskultur ausgestaltet ist. Daraus werden Anforderungen an die Persönlichkeit des neuen Mitarbeiters formuliert. Nachdem die fachlichen Voraussetzungen und die persönlichen Fähigkeiten – auch Soft Skills genannt – geklärt sind, wird auf dieser Basis ein Profil entworfen, mit dem sich der Personalberater auf die Suche begibt.

In persönlichen oder telefonischen Kontakten wird der Personalberater dann Kurzprofile von potenziellen Kandidaten einfordern und diese mit den Anforderungen der Firma abgleichen. Erst wenn ein Kandidat grundsätzlich geeignet erscheint, wird er dessen schriftliche Bewerbungsunterlagen anfordern. Bei seinen Gesprächen mit der suchenden Firma wird der Personalberater immer sehr strukturiert und präzise vorgehen. Mit geeigneten Schlagworten wird er das Profil des Bewerbers umreißen, um die Besonderheiten herauszustellen. Da die Entscheider auf Unternehmensseite nur wenig Zeit haben, muss er mit einer hohen Informationsdichte vorgehen. Man wird ihm nur dann zuhören wollen, wenn seine Ausführungen im Hinblick auf eine Einstellungsentscheidung relevant sind.

Von der professionellen Arbeitsweise der Personalberater können Sie sich einiges abschauen: Dazu gehört, dass Sie Initiativbewerbungen durch persönliche oder telefonische Kontakte vorbereiten sollten. Außerdem ist eine gründliche Analyse Ihrer fachlichen und persönlichen Fähigkeiten nötig, denn zuerst müssen Sie selbst wissen, was Sie zu bieten haben. Zudem sollten Sie bereits im Vorfeld mögliche Anforderungen der Fach- und Personalabteilung herausfinden, damit Sie sich mit einem Kurzprofil präsentieren können, welches neugierig auf mehr Informationen macht. Erst danach ist der Zeitpunkt gekommen, um mit ausführlichen und aussagekräftigen schriftlichen Unterlagen zu punkten.

Sie sehen, dass Sie einen großen Teil Ihrer Arbeit für eine erfolgreiche Initiativbewerbung schon vor dem Versand der Bewerbungsmappe leisten müssen. Welche vielfältigen Möglichkeiten Sie bei der Vorbereitung Ihrer Initiativbewerbung haben und wie Sie diese optimal nutzen, werden wir Ihnen im weiteren Verlauf dieses Buches vorstellen.

Die heimlichen Wünsche der Personalverantwortlichen

Die Aktivität, die Bewerber im Rahmen einer Initiativbewerbung entfalten müssen, ist für Personalverantwortliche grundsätzlich ein sehr interessanter Punkt. Denn wer von sich aus auf eine Firma zugeht, um seine Kenntnisse anzubieten, zeigt eine ganz andere Motivation als derjenige, der nur auf eine Stellenanzeige reagiert. Geht ein Initiativbewerber dann auch noch zielgerichtet vor, hat er sich die ersten Pluspunkte erarbeitet.

Vergessen Sie aber nicht, dass eine Initiativbewerbung für die Mitarbeiter in Personalabteilungen einen größeren Arbeitseinsatz bedeutet. Schließlich müssen sie neben der Einschätzung des Bewerberprofils auch noch die potenziellen Einsatzmöglichkeiten im Unternehmen überprüfen. Dieser höhere Arbeitsaufwand wird deshalb nur dann in Kauf genommen, wenn es sich um eine vielversprechende Bewerbung handelt.

Das sollten Sie sich merken:
Bewerber, die von sich aus deutlich machen können, dass sie wissen, in welchen Arbeitsbereichen sie einsetzbar wären, können mit besonderer Aufmerksamkeit rechnen.

Schließlich signalisieren sie, dass sie Personalverantwortlichen die Arbeit nicht erschweren, sondern leichter machen wollen. Außerdem erbringen sie damit eine Leistung, die mit dem Schlagwort »realistische Tätigkeitsvorausschau« bezeichnet wird. Untersuchungen haben ergeben, dass diejenigen, die bereits vor dem Arbeitsantritt genau wissen, was sie erwartet, besser motiviert, belastbarer und loyaler sind als diejenigen, die sich allzu naiv ins kalte Wasser stürzen. Deshalb werden Initiativbewerbungen von Personalverantwortlichen durchaus geschätzt – immer vorausgesetzt, dass sie gut vor- und aufbereitet sind.

Beispiel

Ein Techniker suchte uns auf, weil er befürchtete, in nächster Zeit seinen Arbeitsplatz zu verlieren. Seine Firma war bundesweit mit Niederlassungen vertreten, aber die geschäftliche Entwicklung verlief nicht mehr so zufriedenstellend wie früher, teilweise war sogar schon Personal abgebaut worden. Der Techniker wollte nun rechtzeitig den Absprung in eine neue Firma schaffen. Sein Problem bestand darin, dass schon seit einiger Zeit keine Stellenanzeigen mehr geschaltet wurden, weil die ganze Branche in Schwierigkeiten steckte. Aus seinen vielfältigen beruflichen Kontakten wusste er aber, dass es Firmen gab, die auch in der Krise gut aufgestellt waren.

Wir entwickelten mit dem Techniker eine passgenaue Bewerbungsstrategie: Zuerst klärten wir sein spezielles berufliches Profil und arbeiteten seine besonderen Stärken heraus. Damit er seine persönlichen Kontakte nutzen konnte, bereiteten wir ein Kurzprofil vor, mit dem er sich bei den für ihn interessanten Firmen persönlich oder telefonisch ins Gespräch bringen konnte. Er aktivierte seine beruflichen Kontakte und ließ sich Ansprechpartner für seine Initiativbewerbungen nennen.

In telefonischen Vorabkontakten stellte er sich dann bei den Entscheidern in der Firma mit seinem Kurzprofil vor. Es gelang ihm, den Nutzen herauszustellen, den die Firmen aus seiner Mitarbeit ziehen könnten.

→ FORTSETZUNG AUF DER NÄCHSTEN SEITE

Mehrfach wurde er aufgefordert, seine Unterlagen zuzusenden. Mit einigen zielgerichtet ausgearbeiteten schriftlichen Unterlagen erreichte er Einladungen zu Vorstellungsgesprächen. Auch in diesen Gesprächen konnte er überzeugen, sodass er schließlich sogar zwischen zwei Angeboten wählen konnte.

Das Beispiel hat Ihnen sicherlich verdeutlicht, wie viel Engagement eine gut gemachte Initiativbewerbung aufseiten des Bewerbers erfordert. Der Erfolgsfaktor für eine Initiativbewerbung liegt zu großen Teilen in einer gründlichen und sorgfältigen Vorarbeit. Denn nur wenn ein Personalverantwortlicher erkennen kann, dass der Bewerber Eigeninitiative zeigt und sich wirklich für seine beruflichen Ziele einsetzt, wird er auch wohlwollend die Unterlagen prüfen. Deshalb wird ein Initiativbewerber, der sich bewusst für die Bewerbung bei einer bestimmten Firma entscheidet und die Beschäftigung in einem Arbeitsfeld anstrebt, in dem er sein Können optimal einsetzen kann, von jedem Personalverantwortlichen die Aufmerksamkeit bekommen, die er sich wünscht.

2. Und wo bewerben Sie sich initiativ?

Bevor Sie sich initiativ bewerben, müssen Sie wissen, an welche Firmen Sie Ihre Bewerbungen überhaupt richten können. Haben Sie vielleicht schon eine Wunschfirma ins Auge gefasst, von der Sie über Bekannte nur Gutes gehört haben? Oder haben Sie über berufliche Kontakte erfahren, dass ein bestimmter Arbeitgeber in nächster Zeit neue Mitarbeiter einstellen möchte? Oder müssen Sie erst einmal gründlich recherchieren, welche Firma in Ihrer Region an Ihren Erfahrungen Bedarf haben könnte?

Viele Wege führen zum neuen Arbeitsplatz

Es gibt die unterschiedlichsten Wege, um herauszufinden, bei welcher Firma Sie sich initiativ bewerben könnten. Bewährt haben sich:

→ private Kontakte
→ berufliche Kontakte
→ Netzwerke im Internet
→ Internetseiten der Firmen
→ Fachmessen
→ Industrie- und Handelskammern und Handwerkskammern
→ Jobbörsen im Internet
→ Tageszeitungen und Fachmagazine

Private Kontakte: Viele Menschen sind über Hobbys und Freizeitaktivitäten mit anderen verbunden. Die einen engagieren sich ehrenamtlich in Sportvereinen oder Interessengruppen, die anderen knüpfen über ihre Kinder Kontakte am Rande von Versammlungen oder Veranstaltungen in Kindergärten oder Schulen. Oft kennt man den beruflichen Hintergrund der Menschen, mit denen man häufiger spricht. Überlegen Sie daher einmal gründlich, welcher ihrer privaten Kontakte Ihnen bei einer Initiativbewerbung nützlich sein könnte.

Berufliche Kontakte: Wer beruflich im Einkauf, im Verkauf, im Service oder sonst mit Kunden zu tun hat, ist bei Initiativbewerbungen klar im Vorteil. Spitzen Sie die Ohren, um rechtzeitig zu erfahren, welche Firmen investieren, wachsen und einstellen wollen und deshalb engagierte Mitarbeiter suchen.

Netzwerke im Internet: Mit Netzwerken im Internet wie StudiVZ, Facebook, LinkedIn oder Xing können Sie private und berufliche Kontakten pflegen, allerdings auf digitaler Basis. Sie sollten Ihre beruflichen Wechselwünsche natürlich nicht gleich im Internet herausposaunen – auch Ihr jetziger Arbeitgeber könnte sich dort umtun. Passende und vertrauenswürdige Internetkontakte können Sie aber ebenfalls für ihre Bewerbungsaktivitäten nutzen.

Internetseiten der Firmen: Fast jede Firma hat mittlerweile eine Homepage im Internet. Auch wenn momentan kaum Stellen ausgeschrieben werden, können Sie sich dennoch mit einer überzeugenden Initiativbewerbung mittelfristig ins Gespräch bringen. Ihr Vorteil: Sie wissen gleich, an wen Sie sich mit Ihrer Bewerbung wenden können. Kontaktpersonen aus Fach- oder Personalabteilung werden meist mit Namen, Telefonnummer und E-Mail-Adresse aufgeführt.

Fachmessen: Der große Vorteil von Fachmessen liegt darin, dass sich in der Regel die ganze Branche trifft. Auch hier gilt, dass Sie sich mit Ihrem Wechselwunsch nicht unbeabsichtigt zum Branchentratsch machen dürfen. Aber ein gezielter Kontaktaufbau, gerne auch unter dem Vorwand, dass Sie sich für die neuesten Produkte oder Dienstleistungen der Mitbewerber interessieren, hilft sicherlich weiter. Sammeln Sie also Visitenkarten bei der Konkurrenz.

Industrie- und Handelskammern und Handwerkskammern: Die örtlichen Industrie- und Handelskammern (IHK) und Handwerkskammern verstehen sich als Dienstleister für die angeschlossenen Firmen. Daher finden Sie auf den entsprechenden Homepages dieser Einrichtungen in Ihrer Region auch Ausbildungsplatzbörsen. Diese Ausbildungsplatzbörsen können Sie als erfahrener Bewerber ebenfalls nutzen. Recherchieren Sie Firmen, die in den Arbeitsbereichen ausbilden, in denen Sie berufliche Erfahrungen vorzuweisen haben. Vielleicht benötigt man in den Ausbildungsbetrieben schon heute Ihre erworbene Berufspraxis.

Jobbörsen im Internet: Es gibt Hunderte von Stellenbörsen im Internet, deren Sinn und Zweck die Kontaktanbahnung zwischen Firmen und neuen Mitarbeitern ist. Als Initiativbewerber können Sie hier die Down- oder Upgrading-Strategie einsetzen. Möchten Sie sich beispielsweise als Personalsachbearbeiter bewerben, können Sie recherchieren, welche Firma Personalleiter sucht. Denn wo ein Personalleiter arbeitet, gibt es auch Stellen für Personalsachbearbeiter (Downgrading-Strategie). Das Ganze funktioniert auch umgekehrt. Firmen, die Servicemitarbeiter suchen, benötigen natürlich auch Serviceleiter (Upgrading-Strategie). Ihr Vorteil: Die Kontaktinformationen brauchen Sie nicht mühsam recherchieren, Sie finden sie gleich in der digitalen Stellenausschreibung.

Wichtige große Jobbörsen, in die Sie auf jeden Fall einmal einen Blick werfen sollten, sind unter anderem die folgenden:

- → **www.stepstone.de**
- → **www.monster.de**
- → **www.stellenanzeigen.de**
- → **www.jobscout24.de**

Neben diesen allgemeinen Jobbörsen gibt es aber auch Börsen für bestimmte Branchen. Weitere Internetadressen finden Sie auf unserer Homepage www.karriereakademie.de: Dort haben wir über 100 aktuelle Jobbörsen für Sie aufgeführt.

Tageszeitungen und Fachmagazine: Tageszeitungen eignen sich einerseits genauso wie Jobbörsen im Internet, um die eben beschriebene Down- und Upgrading-Strategie zu verwenden. Andererseits können Sie auch den Wirtschaftsteil in Tageszeitungen für Ihre Initiativbewerbung nutzen. Wir haben schon vielen Kunden erfolgreich dabei geholfen, Firmen anzuschreiben, die positive Wirtschaftsnachrichten verbreitet haben. Gleiches gilt für Firmen- und Produktpräsentationen in Fachmagazinen. Wenn dort beispielsweise ein mittelständischer Geschäftsführer oder eine Verkaufsleiterin ihre Produkte und Dienstleistungen vorstellen, haben Sie gleich den perfekten Ansprechpartner für Ihre Bewerbung.

Wie Sie die recherchierten Informationen über interessante Arbeitgeber konkret in Ihre Bewerbungsstrategie einbauen können, erläutern wir Ihnen im weiteren Verlauf. Bilanzieren Sie vorab Ihre beruflichen Stärken und Vorlieben. Anschließend erfahren Sie, wie Sie Ihr berufliches Profil in telefonischen, persönlichen oder schriftlichen Kontakten wirksam vermitteln.

3. Finden Sie Ihre beruflichen Stärken und Vorlieben heraus

Ihre Vorbereitung mit einer Bestandsaufnahme und einer intensiven Auseinandersetzung sollte mit Ihren Vorlieben und Stärken beginnen. Gerade bei einer Initiativbewerbung sind Sie schließlich auf der Suche nach Ihrer Wunschposition. Sie suchen nicht irgendeinen Job, sondern eine Stelle, in der Sie Ihre Kenntnisse und Fähigkeiten möglichst optimal einbringen können.

Stellen Sie sich deshalb schon bei der Vorbereitung Ihrer Aktivitäten die Fragen, die sich auch jeder Personalverantwortliche stellen wird: Warum bewirbt sich der Bewerber gerade bei uns? Warum will er wechseln? Worin liegen seine besonderen Stärken? In welchen Bereichen wäre er einsetzbar? Über welches Soft-Skill-Potenzial verfügt er? Welche Fachkenntnisse bringt er mit? Was möchte er in der nächsten Zeit erreichen?

Bei einer Initiativbewerbung müssen Sie mehr Überzeugungsarbeit leisten als bei einer Bewerbung auf eine Stellenanzeige hin. Schließlich müssen Sie sich unaufgefordert ins Gespräch bringen und Firmenvertreter davon überzeugen, warum Sie ein Gewinn für das Unternehmen sein werden. Aus diesem Grund ist eine gründliche Analyse Ihrer beruflichen Entwicklung und Ihrer Fähigkeiten die Voraussetzung dafür, überzeugend auftreten zu können.

Der Blick zurück: Ihre Bestandsaufnahme

Lassen Sie vor Ihrem inneren Auge Ihre berufliche Entwicklung noch einmal Revue passieren: Halten Sie fest, in welchen Positionen Sie bereits tätig waren und welche Arbeitsfelder Sie sich erschlossen haben. Erarbeiten Sie sich zunächst eine lückenlose Aufstellung aller von Ihnen bewältigten Aufgaben als Basis für die spätere inhaltliche Ausgestaltung Ihres Profils.

Beginnen Sie mit Ihrer ersten Stelle. Welche Aufgaben haben Sie dort verrichtet? Gehen Sie dann weiter zur nächsten Anstellung, und notieren Sie, welche Tätigkeiten Sie dort ausgeführt haben. Dies führen Sie weiter bis zu Ihrer heutigen Stelle. Beschränken Sie sich bei dieser Bestandsaufnahme nicht nur auf das Tagesgeschäft. Denken Sie auch an Projekte, Sonderaufgaben oder Urlaubsvertretungen. Vielleicht haben Sie sich auch außerhalb Ihres Berufes besondere Kenntnisse erschlossen.

Notieren Sie die Ergebnisse Ihrer Recherche in eigener Sache in folgender Form: Firma, Bereich, Abteilung, Berufsbezeichnung, Aufgaben im Tagesgeschäft, Sonderaufgaben, besondere Erfolge. Nehmen Sie sich Zeit, damit Sie auch nichts vergessen. Je detaillierter Sie Ihre bisherigen Leistungen bilanzieren, desto besser. Als Anhaltspunkte können Ihnen Arbeitsverträge, Projektberichte, Arbeitszeugnisse oder Stellenbeschreibungen dienen. Bei dieser produktiven Rückschau werden Sie erstaunt feststellen, was Sie schon alles geleistet und welche Erfolge sie schon erzielt haben – und solche Motivationsschübe brauchen Sie im Bewerbungsverfahren!

Ergründen Sie Ihre Soft Skills

In zunehmendem Maße ist für Unternehmen die Persönlichkeit des Bewerbers wichtig geworden. Diese wird mithilfe von Soft Skills beschrieben, die auch persönliche Fähigkeiten, außerfachliche Qualifikationen oder soziale Kompetenz genannt werden. Soft Skills sagen etwas darüber aus, wie Sie an berufliche Aufgaben herangehen und wie Sie mit Kunden, Kollegen und Vorgesetzten klarkommen. Denn wenn Mitarbeiter sich selbst oder ihre Beziehung zu anderen nicht im Griff haben, werden auch die Arbeitsabläufe gestört. Sie werden solche Situationen kennen: Fachlich hoch qualifizierte Menschen, denen es nicht gelingt, ihr Wissen an andere weiterzugeben, oder Experten, die nur auf ihre fachliche Autorität pochen, um etwas durchzusetzen – und sich dann wundern, dass sie scheitern.

Je nach den Anforderungen des Berufsfeldes werden ganz unterschiedliche Soft Skills verlangt. Deshalb sollten Sie von Anfang an wissen, welche Fähigkeiten in der anvisierten Stelle wichtig sind, und vor allem, über welche Sie selbst verfügen. Nehmen Sie Ihre zuvor erstellte Bilanz zur Hand, und überdenken Sie Ihre beruflichen Aufgaben. Wahrscheinlich haben Sie in Ihrem Arbeitsleben schon mit Aufgabenstellungen zu tun gehabt, die Ihnen leichter von der Hand gingen, und solchen, mit denen Sie sich schwerer getan haben. Richten Sie Ihren Blick auf die positiven Seiten: Analysieren Sie, welche Arbeitsweisen Ihnen liegen, wie Sie am liebsten mit anderen zusammenarbeiten und wie Sie Probleme lösen.

Die Infobox »Soft-Skill-Prüfung« soll Ihnen dabei helfen, sich über Ihre Soft Skills klar zu werden. Überlegen Sie sich, welche Fragen Sie mit Ja beantworten können. Seien Sie hier ehrlich, denn es nützt nichts, etwas zu behaupten, das Sie nicht beweisen können. Versuchen Sie deshalb auch, für jede Frage, die Sie mit Ja beantworten, eine entsprechende Situation aus Ihrer bisherigen Berufspraxis als Beispiel zu notieren, mit dem Sie diese persönliche Fähigkeit belegen können.

Soft-Skill-Prüfung

Frage:	**Dahinter stehende Soft Skills:**
Können Sie sich schnell auf unterschiedliche Menschen einstellen?	→ Einfühlungsvermögen
Sind Probleme für Sie eine Herausforderung?	→ Problemlösungskompetenz
Haben Sie in letzter Zeit Ihre beruflichen Kenntnisse erweitert?	→ Lernbereitschaft
Bleiben Sie gelassen, wenn es einmal hoch hergeht?	→ Stressresistenz
Macht es Ihnen Freude, Kunden zu beraten?	→ Serviceorientierung
Setzen Sie Ihre Vorstellungen in Verhandlungen durch?	→ Kommunikationsgeschick
Können Sie sich auch selbst Arbeitsziele setzen?	→ Selbstständiges Arbeiten
Stellen Sie sich manchmal die Frage nach den Kosten?	→ Unternehmerisches Denken
Können Sie mit Widerständen umgehen?	→ Durchhaltevermögen
Übernehmen Sie auch Aufgaben außerhalb Ihres eigentlichen Tätigkeitsbereiches?	→ Flexibilität
Können Sie sich in einer Arbeitsgruppe mit anderen abstimmen?	→ Teamfähigkeit

Hören andere auf Sie?	→ Durchsetzungsstärke
Haben Sie schon strategische Aufgaben übernommen?	→ Konzeptionsstärke

Erfassen Sie Ihr Fachwissen

Auch wenn Soft Skills immer wichtiger werden, heißt das natürlich noch lange nicht, dass Ihr Fachwissen entbehrlich ist. Im Gegenteil: Ihr Fachwissen ist die Voraussetzung für Ihre Eignung zu einer Position. Denn erwecken Sie den Eindruck, dass man Sie erst mühsam einarbeiten muss, bevor Sie die Aufgaben übernehmen können, erfüllen Sie die fachlichen Voraussetzungen nicht. Unternehmen suchen in der Regel einen Bewerber mit passgenauen Kenntnissen, und da haben Sie ohne wichtige Spezialkenntnisse schlechte Karten.

Fachwissen ist nicht allein durch die Angabe der Berufsbezeichnung nachzuweisen. Berufsabschlüsse und formale Argumente reichen nicht aus, das eigene Fachwissen adäquat darzustellen. Wir alle wissen, dass heutige Berufsfelder immer spezieller geworden sind, weshalb sich hinter einer Berufsbezeichnung viele verschiedene Tätigkeiten verstecken können. Es reicht also keinesfalls aus, wenn sich ein Bewerber als IT-Spezialist bezeichnet. Dadurch wird nicht klar, in welchen Bereichen er einsetzbar wäre: in der Netzwerktechnik oder der Systemadministration? Erstellt er Homepages? Programmiert er Mikroprozessoren?

Sie müssen deshalb bei der Darstellung Ihres fachlichen Know-hows ins Detail gehen. Erfassen Sie Ihr Fachwissen präzise, und arbeiten Sie Ihre Kenntnisse heraus. Nehmen Sie Ihre Bilanz zur Hand, und gehen Sie alle Ihre Anstellungen durch. Vergessen Sie nicht Ihre Berufsausbildung oder Ihr Studium,

Ihre Fort- und Weiterbildungen und alle Zusatz- oder Spezialkenntnisse, die Sie sich im Laufe der Jahre erworben haben. Orientieren Sie sich bei der Erfassung Ihres Fachwissens an dem Beispiel des kaufmännischen Mitarbeiters.

Beispiel

Die Auflistung des Fachwissens eines kaufmännischen Mitarbeiters könnte so aussehen:

- **Kenntnisse aus der Ausbildung: Disposition, Rechnungswesen, Absatzplanung**
- **Kenntnisse aus der Einstiegsposition: Erstellung von Präsentationsunterlagen, Datenbankpflege, Buchhaltung**
- **Kenntnisse aus der zweiten Stelle: Einkauf und Beschaffung, Rechnungswesen**
- **Kenntnisse aus der heutigen Position: Rechnungslegung, Auftragskalkulation, Vorbereitung der Jahresabschlüsse**
- **Kenntnisse aus Weiterbildungen: Kostenrechnung, Betriebsstatistik**
- **EDV-Kenntnisse: Word, PowerPoint, Excel, Lotus Notes, Outlook, Access**
- **Sprachkenntnisse: Englisch, Französisch**

Der Blick nach vorne: Ihre Wünsche

Im Rahmen Ihrer Bestandsaufnahme werden Sie auch erkannt haben, was Sie gerne und was Sie weniger gern tun. Vor der Ausarbeitung Ihrer Unterlagen sollten Sie sich deshalb auch darüber klar werden, welche Wünsche Sie für die neue Stelle haben. Wir wissen, dass dieser Aspekt häufig zu kurz kommt, weil viele Bewerber möglichst schnell einen neuen Job finden möchten. Aber bedenken Sie, dass übereilte Entscheidungen selten zum Erfolg führen. Zu schnell trifft derjenige, der sich nicht über seine Wünsche im Klaren ist, am neuen Arbeitsplatz auf die alten Probleme. Finden Sie deshalb heraus, in welchen Bereichen Sie gerne arbeiten, welche Kenntnisse Sie vertiefen möchten, welche Aufgaben Sie gerne übernehmen würden – aber auch, welche Tätigkeiten Ihnen weniger liegen.

Das sollten Sie sich merken:
Die Auseinandersetzung mit Ihren Wünschen bedeutet, dass Sie im Bewerbungsverfahren glaubwürdiger auftreten. Firmenvertreter lassen sich nur beeindrucken, wenn Bewerber wissen, was sie können und wollen – und was nicht.

Machen Sie sich Ihre Wünsche klar. Die Infobox »Wünsche an die neue Stelle« kann Ihnen dabei helfen, Ihre Ansprüche an den neuen Arbeitsplatz herauszuarbeiten. Natürlich gibt es nicht den perfekten Job, auch Sie werden an irgendeiner Stelle Kompromisse machen müssen. Dies sollte Sie aber nicht davon abhalten, Ihrer Wunschposition so nah wie möglich zu kommen.

Wünsche an die neue Stelle

- → Welche Tätigkeiten möchten Sie in der neuen Stelle auf jeden Fall fortführen?
- → Welche Aufgaben würden Sie nicht vermissen?
- → Wo könnten Sie ohne Einarbeitung sofort einsteigen?
- → Auf welchen Fachgebieten sind Sie Experte, und wann fragt man Sie um Rat?
- → Möchten Sie, dass bisherige Sonderaufgaben zu einem regelmäßigen Bestandteil der Arbeit werden?

→ FORTSETZUNG AUF DER NÄCHSTEN SEITE

- → Möchten Sie stets mit den gleichen Menschen zusammenarbeiten oder bevorzugen Sie wechselnde Arbeitsgruppen?
- → Liegt Ihnen eher ein aufregendes oder ein beschauliches Arbeitsumfeld?
- → Arbeiten Sie lieber an einem Ort oder reisen Sie gerne?
- → Möchten Sie einen Teil der Arbeit zu Hause erledigen oder arbeiten Sie lieber im Büro?
- → Können Sie Ihre Arbeit selbstständig strukturieren?
- → Sind Ihnen ein regelmäßiges Feedback und eine schnelle Rückmeldung wichtig?
- → Sehen Sie sich eher als Spezialisten oder als Allround-Talent?
- → Macht es Ihnen Spaß, anderen etwas beizubringen?
- → Welche Aufgaben würden Sie auch ohne Bezahlung gerne tun?
- → Möchten Sie im Ausland arbeiten?
- → Wollen Sie eine Führungsposition übernehmen?
- → Würden Sie auch spätabends oder am Wochenende arbeiten?
- → Ist Gleitzeit für Sie wichtig?
- → Kommt es für Sie in Frage, für eine neue Stelle umzuziehen?
- → Sind interessante berufliche Aufgaben oder ein möglichst hohes Gehalt für Sie wichtig?
- → Ist für Sie eine hohe Identifikation mit Ihrem Beruf oder Ihrem Arbeitgeber wichtig?

Nach Ihrer fundierten Selbsteinschätzung wissen Sie nun, wo Ihre Stärken liegen, auf welchen Gebieten Sie am meisten leisten und welche persönlichen Fähigkeiten Ihr Profil abrunden. Weiterhin haben Sie für sich geklärt, welche Anforderungen Sie an Ihre Wunschposition stellen. Im nächsten Schritt werden wir Ihnen zeigen, wie Sie die herausgefundenen Kenntnisse und Fähigkeiten anderen Menschen vermitteln können.

4. Ein Kurzprofil für Ihre Kontaktaufnahme

Nachdem Sie nun klarer sehen, was Sie können und was Sie wollen, geht es darum, mit Ihrem beruflichen Profil erstes Interesse zu erwecken. Wie Sie wissen, sollten Sie schon im Vorfeld Ihrer Initiativbewerbung Kontakte in Richtung Ihrer Wunschunternehmen knüpfen – sei es per Telefon oder durch einen persönlichen Kontakt auf einer Messe oder bei Weiterbildungsveranstaltungen.

Die Kontaktaufnahme dient zum einen dazu, Ihr individuelles Profil ins Gespräch zu bringen. Aber zum anderen können Sie auch etwas mehr über die konkreten Wünsche der Firmen an Bewerber, den aktuellen Einstellungsbedarf oder auch die mittelfristige Personalplanung erfahren.

Damit man Ihnen überhaupt zuhört, müssen Sie Ihre Zuhörer neugierig machen und ein Interesse an Ihren beruflichen Qualifikationen hervorrufen, das heißt, Sie müssen sich so präsentieren, dass man Ihre beruflichen Stärken erkennen und diese in Verbindung mit den Anforderungen Ihrer Wunschposition bringen kann. Genau dies ist bei der Initiativbewerbung das Problem: Es liegt keine konkrete Stellenausschreibung vor, auf die Sie sich beziehen könnten. Dieses Dilemma können Sie umschiffen, indem Sie sich ein Stellenprofil für Ihre Wunschposition erarbeiten. Finden Sie heraus, welche Anforderungen das Unternehmen an den zukünftigen Mitarbeiter hat, damit Sie in Ihrem Kurzprofil darauf eingehen können.

Anforderungen der Wunschposition erkennen

Die Arbeit, die jede Firma für eine Stellenausschreibung leistet, muss ein Initiativbewerber in Eigenregie bewältigen: die Definition der Aufgaben, die zu bewältigen sind, und das Bestimmen der fachlichen und persönlichen Fähigkeiten, die der optimale Stelleninhaber dazu mitbringen sollte. Deshalb ist es unbedingt ratsam, dass Sie sich ein Stellenprofil für Ihre Wunschposition erarbeiten.

Ein gelungenes Stellenprofil beginnt zunächst mit allgemeinen Informationen über das Unternehmen. Recherchieren Sie deshalb alles Wissenswerte über das Unternehmen: die Größe und Struktur, die Standorte, die wichtigsten Dienstleistungen und Produkte, die Unternehmenskultur und aktuelle Entwicklungen. Personalverantwortliche reagieren zumeist ungehalten, wenn Bewerber sich nicht mit dem Unternehmen auseinandergesetzt haben.

Im nächsten Schritt geht es um die zukünftigen Aufgaben in der anvisierten Position. Wenn Sie aus der Perspektive des Unternehmens argumentieren können, also möglichst viele Überschneidungen zwischen den zukünftigen und Ihren bisherigen Aufgaben herstellen, haben Sie gute Argumente für Ihre Kontaktaufnahme und Ihre späteren schriftlichen Unterlagen. Zudem zeigen Sie damit schon Ihre Kundenorientierung, indem Sie Ihren Ansprechpartnern echte Entscheidungsgrundlagen liefern.

Das sollten Sie sich merken:
Klären Sie zunächst die Anforderungen, die in der anvisierten Stelle auf Sie zukommen werden – damit Sie später belegen können, dass Sie diese Anforderungen erfüllen werden.

Sichten Sie deshalb in Zeitungen und im Internet Unternehmensinformationen und Stellenanzeigen. Sammeln Sie Anzeigen, in denen Stellen beschrieben werden, die Ihrer anvisierten Wunschposition möglichst nahe kommen. Je detaillierter Ihre Informationen über die zukünftigen Tätigkeiten sind, desto besser ist Ihre Ausgangsposition. Halten Sie nicht nur die zukünftigen Aufgaben fest, sondern auch, welche fachlichen Kenntnisse und welche Soft Skills verlangt werden. Werten Sie die gesammelten Stellenanzeigen jeweils nach folgendem Schema aus:

→ **Stellenanzeige**
- **Aufgaben**
- **Geforderte fachliche Kenntnisse**
- **Geforderte Soft Skills**

Die gefundenen fachspezifischen Schlagworte und Formulierungen sollten Sie in Ihr Kurzprofil einfließen lassen, denn damit zeigen Sie Ihren Gesprächspartnern, dass Sie wissen, welche Aufgaben Sie an der neuen Stelle erwarten. Zudem signalisieren Sie, dass Sie über den nötigen »Stallgeruch« der Branche verfügen und zu einer realistischen Tätigkeitsvorausschau in der Lage sind – und das sind alles Voraussetzungen, die man bei zukünftigen Mitarbeitern zu schätzen weiß.

Die Kernbotschaft formulieren

Ihre Kontaktaufnahme mit dem Wunschunternehmen wird Ihnen besser gelingen, wenn Sie sich schon im Vorfeld ein Kurzprofil erarbeiten. In unserer Beratungspraxis trainieren wir mit Initiativbewerbern, wie sie mit wenigen Sätzen die eigene berufliche Qualifikation herausstellen können. Dazu sollte man zwei bis drei Kernbotschaften heraussuchen, die die beruflichen

Kenntnisse und Fähigkeiten deutlich machen. Diese Kernbotschaften sollten ausformuliert werden und in jedes Kontaktgespräch einfließen.

Nehmen Sie Ihre Bestandsaufnahme und das von Ihnen herausgefundene Stellenprofil Ihrer Wunschposition zur Hand, und suchen Sie nach prägnanten Überschneidungen. Sie wissen inzwischen, dass diejenigen Bewerber für ein Unternehmen am interessantesten sind, die zeigen, dass sie mit den Anforderungen der anvisierten Stelle schon in Berührung gekommen sind. Entscheiden Sie sich für drei bis vier Schlüsselbegriffe, die Ihre berufliche Qualifikation am ehesten charakterisieren. Daraus formulieren Sie zwei, drei Sätze, welche dann die Kernbotschaft Ihrer Selbstpräsentation bilden.

Damit Sie sich besser vorstellen können, welche Inhalte ein gelungenes Kurzprofil umfasst, haben wir für Sie einige Beispiele zusammengestellt. Orientieren Sie sich an den aufgeführten Kurzprofilen einer Kundenberaterin, eines Technikers und eines Marketingmitarbeiters, um Ihr eigenes Kurzprofil zu erstellen.

Kurzprofil einer Kundenberaterin: »Ich arbeite seit sechs Jahren als Kauffrau in der Kundenbetreuung. Zu meinen Aufgaben gehören die Pflege von Kundenbeziehungen, die telefonische Akquisition und die Abwicklung der eingehenden Aufträge. Ich betreue und berate einen eigenen Kundenstamm, den ich stetig ausgebaut habe. Meine Erfahrungen würde ich gerne in Ihrem Unternehmen einsetzen.«

Kurzprofil eines Technikers: »Ich arbeite als Techniker in der Holz- und Möbelbranche. Neben der Arbeitsvorbereitung und der Endmontage beim Kunden übernehme ich auch die Unterstützung von

Gebietsverkaufsleitern. Die Schulung von Händlerverkäufern gehört ebenfalls zu meinen Aufgaben. Ich möchte noch stärker als bisher in der Kundenberatung tätig werden und suche daher in diesem Bereich eine Stelle als Anwendungstechniker.«

Kurzprofil eines Marketingmitarbeiters: »Ich möchte mich im Marketing weiterentwickeln. Bisher betreue ich die Auswertung von Verkaufsstatistiken, das Benchmarking und die Erstellung von Präsentationsunterlagen. Daneben bin ich für die Anzeigenschaltung zuständig. Im Bereich Channel-Marketing habe ich mich weitergebildet und dort den Schwerpunkt auf das Erkennen von Wachstumspotenzialen im Markt gelegt. Ich würde gerne mit Ihrer Firma in Kontakt kommen. Welche Möglichkeiten gibt es dafür?«

An den Beispielen können Sie erkennen, dass man mit zwei, drei Sätzen schon eine ganze Menge an Informationen vermitteln kann – vorausgesetzt, man baut die richtigen Schlüsselbegriffe zu den bisherigen beruflichen Tätigkeiten ein. Wenn Sie sich solch ein aussagekräftiges Kurzprofil erarbeiten, präsentieren Sie sich stets mit Ihren Stärken. Dadurch erreichen Sie, dass man Ihre Fähigkeiten und Ihr Interesse an der neuen Stelle ernst nimmt.

Trainieren Sie den Einsatz Ihres Kurzprofils, damit Sie es stets parat haben. Gewöhnen Sie sich an, bei jeder persönlichen Kontaktaufnahme stets auch Aussagen zu Ihrem beruflichen Profil zu machen. Ihre Kurzpräsentation sollten Sie vor allem im Umkreis Ihres Berufsfeldes einsetzen, beispielsweise auf Messen, Weiterbildungsveranstaltungen, im Gespräch mit Kunden oder Lieferanten und natürlich auch bei Kontakten, die sich aus ehrenamtlichen Tätigkeiten ergeben.

Ihr Kurzprofil ist auch im Telefonat mit Firmenvertretern der richtige Aufhänger, um ins Gespräch zu kommen. Geben Sie Ihren Kontaktpersonen im Wunschunternehmen einen kurzen Einblick in Ihre berufliche Leistungsfähigkeit. Sie leiten damit das Gespräch von Anfang an in die richtigen Bahnen. Welche weiteren Aspekte im Telefonkontakt mit Firmenvertretern wichtig sind, erfahren Sie im nächsten Kapitel. Machen Sie mithilfe Ihres Kurzprofils auch am Telefon noch einmal auf Ihre beruflichen Stärken aufmerksam – so öffnen Sie Ihrer Initiativbewerbung die richtigen Türen.

5. Interesse wecken am Telefon

Das Telefon ist unverzichtbares Hilfsmittel für jede Bewerbung. Aber ganz besonders eignet sich dieses Kommunikationsmedium zur Vorbereitung einer Initiativbewerbung. Mit gut geführten Telefonanrufen können Sie schnell und problemlos Informationen recherchieren, Kontakte knüpfen oder vertiefen und sich für neue Arbeitgeber interessant machen.

Dennoch schrecken viele Bewerberinnen und Bewerber vor dem Griff zum Telefonhörer zurück, weil sie eine große Scheu vor dem persönlichen Gespräch mit einem Vertreter ihrer Wunschfirma haben. Stattdessen versuchen sie, ihre Initiativbewerbung still und leise auf den Postweg zu bringen und dann der Dinge zu harren, die da kommen mögen – dies ist im Bewerbungsverfahren jedoch die falsche Strategie. Sie müssen sich Gehör verschaffen und sich ins Gespräch bringen, wobei für Ihre Wunschfirma auch Ihr persönliches Auftreten interessant ist. Zeigen Sie deshalb mit einem gelungenen Telefonat Flagge.

Vorsicht Falle!
Den vielfältigen Chancen, die Ihnen der Telefonkontakt mit dem Wunschunternehmen bietet, steht auch ein Risiko gegenüber: Sie werden nur eine Chance bekommen, um einen guten ersten Eindruck zu vermitteln!

Telefonate mit Firmenvertretern im Rahmen eines Bewerbungsverfahrens sind jedoch keine Selbstläufer, schließlich kann man in dieser Situation statt Pluspunkten auch Minuspunkte sammeln. Anstrengende Vielredner werden von Personalentscheidern ebenso gefürchtet wie nervöse oder überfordert wirkende Anrufer. Machen Sie es besser: Bereiten Sie Ihre Telefonanrufe sorgfältig vor, damit Sie souverän auftreten und die gewünschten Informationen erfragen können. Was dabei alles zu beachten ist, erläutern wir Ihnen nachfolgend.

Ein Drehbuch für den Anruf

Auch bei unseren Telefontrainings mit Bewerbern weisen wir stets auf die zwei unterschiedlichen Ebenen hin, die vor einem Gespräch geklärt werden müssen: Zum einen geht es darum, das Telefonat frei von störenden Einflüssen führen zu können, und zum anderen ist es wichtig, mit klar definierten Zielen und gut vorbereitet in ein Gespräch einzusteigen.

Rahmenbedingungen schaffen

Sorgen Sie vor Ihren Telefonanrufen für optimale Rahmenbedingungen, denn werden Sie während des Anrufes gestört, ist dies nicht nur für Ihren Gesprächspartner unerfreulich. Auch sie selbst geraten unter zusätzlichen Stress, der Sie womöglich aus dem Konzept bringt.

Deshalb möchten wir Ihnen dringend dazu raten, nicht von Ihrem Arbeitsplatz aus anzurufen. Stellen Sie sich vor, ein Kollege platzt in Ihr Büro herein und fragt nach einer Information oder nach Unterlagen. Diese Störung würde schließlich auch Ihr Gesprächspartner registrieren. Wenn jedoch ein Firmenvertreter erfährt, dass Sie sich während Ihrer Arbeitszeit mit privaten Dingen beschäftigen, wirft dies von Anfang an ein schlechtes Licht auf Sie. Abgesehen davon wecken Sie nur »schlafende Hunde«, wenn Sie bei Ihrem jetzigen Arbeitgeber Ihren Wechselwunsch zu früh erkennen lassen. Und die Kollegen werden immer registrieren, wenn jemand in der Abteilung Bewerbungsaktivitäten entfaltet. Dann ist Ihre Position an Ihrem momentanen Arbeitsplatz geschwächt, weil jeder vermutet, dass Sie nur noch auf Abruf an diesem Schreibtisch sitzen.

Telefonieren Sie deshalb am besten von zu Hause aus. Sorgen Sie für ungestörte Ruhe, und informieren Sie vor diesen wichtigen Telefonaten Ihre Mitbewohner oder Ihren Lebenspartner. Sorgen Sie auch dafür, dass weder Ihre Kinder noch Ihre Haustiere mit Radau ins Zimmer stürzen oder sonstwie Ihr Gespräch stören. Dass andere Telefone, Fernseher, Radio oder Stereoanlage ausgeschaltet sind, versteht sich von selbst.

Greifen Sie nur zum Telefonhörer, wenn Sie sich fit und gut fühlen. Es nützt nichts, sich unter Druck zu setzen und eine bestimmte Anzahl von Anrufen erledigen zu wollen. Personalprofis sind darin geschult, auf jedes Detail zu achten – und Emotionen wie Aufregung, Unsicherheit oder Druck werden mit dem Klang einer Stimme transportiert. Achten Sie deshalb darauf, mit einem Lächeln im Gesicht zu telefonieren, um bei Ihrem Gesprächspartner einen sympathischen Eindruck zu hinterlassen. Zudem ist es besser, im Stehen als im Sitzen zu telefonieren. Dadurch sind Sie konzentrierter und wirken dynamischer. Außerdem kann ein wenig Auf- und Abwandern Ihnen helfen, Verspannungen und Stress abzubauen.

Legen Sie vor dem Gespräch Stift und Papier bereit, damit Sie nicht herumkramen müssen, wenn man Ihnen Zusatzinformationen gibt oder weitere Ansprechpartner nennt. Auch die Informationen, die Sie über die Firma recherchiert haben, und Ihr Lebenslauf oder Ihr Kurzprofil sollten sich in Sichtweite befinden, damit kein Detail versehentlich vergessen wird. Schließlich kann man in Stresssituationen vor Aufregung vergessen, wichtige

Informationen zu erwähnen. Sorgen Sie deshalb für zusätzliche Sicherheit, indem Sie alle wichtigen Unterlagen parat halten.

Inhaltliches klären

Nachdem die optimalen Voraussetzungen klar sind, geht es nun um die inhaltliche Seite. Natürlich lassen sich (Telefon-)Gespräche nicht bis ins letzte Detail planen, und sicherlich spielt auch immer eine Rolle, auf welche Gesprächspartner Sie treffen. Manche werden versuchen, Sie schnell abzuwimmeln, andere sind bereit, erst einmal zuzuhören. Die einen werden Sie an andere Ansprechpartner weitervermitteln, die anderen verweisen Sie auf den Postweg. Wir wissen, dass telefonische Bewerbungsarbeit einiges an Nervenkraft von Ihnen verlangt, wir wissen aber auch, dass sich Ihre Anstrengungen in der Regel lohnen werden. Zwar wird nicht jeder Anruf sofort zum Traumjob führen, aber dass steter Tropfen den Stein höhlt, erleben wir gerade bei Initiativbewerbungen immer wieder.

Um Ihren Anrufen den richtigen Schwung zu geben, sollten Sie sich bereits im Vorfeld überlegen, welche Impulse Sie geben wollen. Sie können eine Menge dafür tun, damit Ihre Gespräche sich nicht fruchtlos im Kreis drehen. Sie sollten deshalb vorher

- → **den Ansprechpartner herausfinden,**
- → **die Gesprächsziele definieren,**
- → **einen Gesprächsaufhänger suchen,**
- → **den Einsatz Ihres Kurzprofils trainieren und**
- → **eigene Fragen aufschreiben.**

Ansprechpartner herausfinden: Lassen Sie sich die richtigen Ansprechpartner nennen, damit Sie wissen, mit wem Sie es zu tun haben werden. In vielen Fällen ist es am einfachsten, zunächst in der Telefonzentrale der Firma anzurufen und zu erfragen, wer für Bewerbungen eigentlich zuständig ist. Bietet man Ihnen an, Sie gleich weiterzuverbinden, können Sie freundlich darauf verweisen, dass Sie sich momentan noch in der Informationsphase befinden und sich zu einem späteren Zeitpunkt noch einmal selbst melden werden.

Je mehr Sie über Ihren Gesprächspartner vor einem Anruf in Erfahrung bringen können, desto besser. Sitzt der Personalentscheider in der Personalabteilung, in der Fachabteilung oder in der Geschäftsführung? Haben Sie es mit einem Mann oder einer Frau zu tun? Ist Ihr Gesprächspartner jünger oder älter? Die meisten Unternehmen sind mittlerweile mit Homepages im Internet vertreten, auf denen man auch Informationen über einzelne Unternehmensvertreter finden kann. Manchmal lohnt es sich auch, die Namen möglicher Gesprächspartner durch Suchmaschinen im Internet laufen zu lassen, um zusätzliche Hinweise zu bekommen.

Gesprächsziele definieren: Viele Bewerber setzen sich vor Ihren Telefonkontakten unter einen viel zu hohen Erfolgsdruck. Denn natürlich kommt es im ersten Telefongespräch noch nicht zu einer Entscheidung. Wenig erfolgreich sind auch Bewerber, die nicht wissen, was sie mit ihrem Telefongespräch eigentlich konkret erreichen wollen. Der Angerufene wird wohl irgendwann genervt reagieren und das Gespräch ergebnislos abbrechen. Legen Sie deshalb vorher Gesprächsziele fest, damit Sie zielgerichtet vorgehen können.

Realistische Gesprächsziele

- ○ Möchten Sie den Namen des richtigen Ansprechpartners erfahren?
- ○ Benötigen Sie Zusatzinformationen über Produkte oder Dienstleistungen des Unternehmens?
- ○ Sind Sie an der Zusendung einer Firmenbroschüre interessiert?
- ○ Möchten Sie wissen, ob eine Bewerbung über Internet oder per Post gefragt ist?
- ○ Sind Sie daran interessiert, einen bestehenden Kontakt aufzufrischen?
- ○ Wollen Sie sich schon einmal positionieren, weil Sie mittelfristig einen Wechsel planen?
- ○ Möchten Sie Ihr berufliches Profil vorstellen?
- ○ Wollen Sie wissen, auf welche Kenntnisse und Fähigkeiten die Firma besonderen Wert legt?

Definieren Sie Ihre Gesprächsziele realistisch, und akzeptieren Sie auch »Etappenziele«. Dies hat mehrere Vorteile: Bei einem guten Gesprächsverlauf bekommen Sie die Erfolgserlebnisse, die Sie gerade in der schwierigen Bewerbungssituation brauchen. Zudem erhalten Sie verwertbare Informationen, die anderen

Bewerbern nicht zugänglich sind. Und nicht zuletzt haben Sie einen persönlichen Draht in das Unternehmen hinein aufgebaut, wodurch Sie sicherstellen, dass Ihre Bewerbung auch wohlwollend geprüft wird.

Gesprächsaufhänger überlegen: Eine Insolvenz des Arbeitgebers, eine drohende Kündigung oder Arbeitslosigkeit sind keine Makel, aber dennoch sollten Sie diese »Wahrheiten« nicht als Gesprächseinstieg nutzen. »Ich rufe bei Ihnen an, weil ich arbeitslos bin und einen neuen Job suche« ist deshalb ein schlechter Anfang. Suchen Sie lieber einen positiv klingenden Gesprächseinstieg wie »Ich arbeite seit sechs Jahren in der Werbebranche und interessiere mich für eine Mitarbeit in Ihrer Firma«.

Ideal wäre natürlich ein Gesprächsaufhänger, mit dem Sie beispielsweise auf Fachmessen, Zeitungsartikel, gemeinsame Kunden beziehungsweise Lieferanten oder Kontakte zu Firmenangehörigen verweisen, um Ihren Wunsch nach einer zukünftigen Mitarbeit zu begründen. Dies könnte dann so klingen: »Ihr Unternehmen kenne ich schon seit Jahren von der Sportartikelmesse ISPO. Ich bin im Vertrieb eines mittelständischen Sport- und Freizeitartikelproduzenten tätig und suche eine neue Stelle, in die ich meine Erfahrungen im Direktmarketing und Verkauf voll einbringen kann.«

Sie sehen, es lohnt sich, einige Gedanken darauf zu verwenden, wie ein optimaler Gesprächsaufhänger aussehen kann. Vermeiden Sie auf jeden Fall, berufliche Probleme oder Krisen zu thematisieren – es ist immer besser, bereits mit den wichtigen ersten Sätzen deutlich zu machen, dass Sie in die (gemeinsame) Zukunft blicken.

Kurzprofil einbringen: Wie Sie sich ein Kurzprofil für die direkte Kontaktaufnahme erarbeiten können, haben wir Ihnen bereits vorgestellt. Diese Kurzpräsentation sollten Sie nach Ihrem Einstieg einfließen lassen, um auf sich neugierig zu machen. Vergessen Sie nicht: Man wird sich erst dann mit Initiativbewerbern auseinandersetzen, wenn diese deutlich machen können, was sie wollen und was sie zu bieten haben. Geben Sie deshalb Ihren Gesprächspartnern eine gute inhaltliche Vorlage, auf die sie reagieren können.

Eigene Fragen stellen: Außerdem sollten Sie ein bis zwei Fragen für Ihr Gespräch vorbereiten. Dies dient nicht nur dazu, Informationen zu bekommen, sondern auch, das Gespräch am Laufen zu halten: So kann der Personalverantwortliche erkennen, dass Sie es wirklich ernst meinen. Fragen Sie beispielsweise danach, in welchen Anteilen Reisetätigkeit und Innendienst zueinander stehen oder wie Projektteams zusammengesetzt sind. Es versteht sich von selbst, dass in dieser frühen Phase Fragen nach Urlaub, Gehalt und Überstunden tabu sind.

Um möglichst viele Informationen zu erhalten, sollten Sie hier mit offenen Fragen arbeiten. Dies sind Fragen, die nicht einfach mit Ja oder Nein beantwortet werden können, sondern den Gesprächspartner zwingen, etwas ausführlicher zu antworten. Fragen wie »Welche EDV-Kenntnisse wünschen Sie sich von einem Bewerber?« oder »Welche Erfahrungen sind im Service für Sie unverzichtbar?« eignen sich deshalb dazu, mehr von Ihrem Gesprächspartner zu erfahren. Insbesondere dann, wenn Bewerber die Antworten auf solche Fragen bereits ahnen, können sie zusätzlich punkten, indem sie darauf verweisen, dass sie ja genau die gefragten Kenntnisse und Erfahrungen mitbringen.

In der Checkliste »Vorbereitung von Telefongesprächen« ist noch einmal zusammengefasst, was Sie bei der Vorbereitung von Anrufen beachten müssen. Bereiten Sie Ihren ersten persönlichen Kontakt gut vor, damit Sie mit Ihrer Initiativbewerbung von Anfang an auf Wohlwollen treffen.

Vorbereitung von Telefongesprächen

- ○ Kennen Sie den Namen Ihres Ansprechpartners?
- ○ Haben Sie Ihre Gesprächsziele definiert?
- ○ Ist Ihnen klar, welchen Gesprächsaufhänger Sie wählen?
- ○ Haben Sie ein Kurzprofil parat?
- ○ Liegt Ihr Lebenslauf neben dem Telefon?
- ○ Befinden sich Papier und Stift für Notizen in Ihrer Reichweite?
- ○ Haben Sie sich zwei eigene Fragen überlegt, die Sie gegebenenfalls stellen können?
- ○ Sind die Rahmenbedingungen optimal?

Ein misslungener und ein gelungener Anruf

Damit Sie sehen, was alles passieren kann, wenn Initiativbewerber unvorbereitet in einer Firma anrufen, zeichnen wir nun für Sie ein unergiebiges Telefongespräch nach. Der Bewerber, Herr Todt, sucht eine neue Stelle als kaufmännischer Sachbearbeiter. Er hat vor seinem Anruf aber weder persönliche Gesprächsziele definiert noch Zeit darauf verwandt, ein Kurzprofil seines Könnens zu erstellen. Dementsprechend ergebnislos verläuft auch das Gespräch.

Personalverantwortlicher: »Personalabteilung der Metallwerke GmbH, mein Name ist Heiner Bartels, guten Tag.«

Bewerber: »Guten Tag. Ich interessiere mich für Ihr Unternehmen.«

Personalverantwortlicher: »Das freut mich, aber wie kann ich Ihnen da weiterhelfen?«

Bewerber: »Ich wollte fragen, ob sich eine Bewerbung lohnt.«

Personalverantwortlicher: »Kommt drauf an, suchen Sie einen Ausbildungsplatz?«

Bewerber: »Nein, nein. Ich wollte für Sie als Kaufmann tätig werden.«

Personalverantwortlicher: »Im kaufmännischen Bereich suchen wir momentan nur Spezialisten, da kann ich Ihnen keine Hoffnung machen.«

Bewerber: »Schade. Wird sich das nicht irgendwann ändern?«

Personalverantwortlicher: »Wir werden zu gegebener Zeit Stellenanzeigen schalten. Beobachten Sie doch aufmerksam die Homepage unseres Unternehmens.«

Bewerber: »Aber ich hab doch gar kein Internet.«

Personalverantwortlicher: »Vielleicht werden wir die eine oder andere Stellenanzeige auch in den Printmedien veröffentlichen. Bleiben Sie einfach dran, Herr ... äh ... Vielleicht tut sich für Sie ja auch einmal eine Chance auf.«

Bewerber: »Das hoffe ich auch.«

Personalverantwortlicher: »Viel Glück. Auf Wiederhören.«

Bewerber: »Auf Wiederhören.«

Der Bewerber zeigt sich in diesem Telefongespräch nicht von seiner besten Seite. Mit Allgemeinplätzen wie »Ich interessiere mich für Ihr Unternehmen« lässt sich kein Firmenvertreter beeindrucken. Die Hoffnung, dem Personalverantwortlichen »im Vorbeigehen« Stellenangebote entlocken zu können, ist der grundsätzlich falsche Ansatz. Herr Todt hätte erst einmal Informationen zu seinem beruflichen Profil liefern müssen, denn schließlich will er sich bei der Firma ins Gespräch bringen. Auf seine ungeschickte Frage, ob sich eine Bewerbung lohne, erhält Herr Todt daher auch keine Antwort, vielmehr glaubt sein Gesprächspartner sogar, einen Lehrstellenanwärter am anderen Ende der Leitung zu haben.

Viel zu spät gibt sich Herr Todt als Kaufmann zu erkennen, berücksichtigt aber nicht, dass es im kaufmännischen Bereich die unterschiedlichsten Einsatzfelder gibt. Deshalb kann der Personalverantwortliche die Kenntnisse des Bewerbers auch jetzt noch nicht einordnen. Schließlich beginnt er, mit der Floskel »Da kann ich Ihnen keine Hoffnung machen« den Bewerber abzuwimmeln. Herr Bartels lässt aber noch ein Hintertürchen offen, indem er Herrn Todt zu verstehen gibt, dass Spezialisten durchaus gesucht sind. Diese Vorgabe nimmt dieser jedoch nicht auf, sondern verlegt sich auf das Prinzip Hoffnung mit seiner Frage »Wird sich das nicht irgendwann ändern?«. Diese Frage ist im Grunde sinnlos, da es Herrn Todt wenig nützen dürfte, wenn »irgendwann« wieder eingestellt wird. Folgerichtig erfolgt die ausweichende Antwort: »Wir werden zu gegebener Zeit Stellenanzeigen schalten.«

Herr Todt leistet sich zum Abschluss noch einen Schnitzer, indem er der Aufforderung, die Homepage des Unternehmens im Auge zu behalten, mit »Ich hab doch gar kein Internet« begegnet. Damit bestätigt er nur das Bild eines Bewerbers, der nicht bereit ist, sich für sein berufliches Weiterkommen zu engagieren. Schließlich könnte Herr Todt, wenn er zu Hause über keinen Internetanschluss verfügt, doch in ein Internetcafé, eine öffentliche Bücherei oder zu einem Freund gehen.

Dem Personalverantwortlichen scheint dieser Fehler des Bewerbers ganz recht zu sein, denn dann muss er sich nicht mit der informationsarmen Bewerbung von Herrn Todt herumschlagen. Mit der Aussage »Vielleicht tut sich für Sie ja auch einmal eine Chance auf« verweist nun auch er auf das Prinzip Hoffnung – doch im Kopf wird er sicherlich noch den Zusatz »aber nicht bei uns« hinzufügen.

Dass Telefongespräche zur Vorbereitung einer Initiativbewerbung auch ganz anders verlaufen können, sehen Sie an dem Positivbeispiel. Diesmal hat Herr Todt mehr Vorarbeit geleistet.

Personalverantwortlicher: »Personalabteilung der Metallwerke GmbH, mein Name ist Heiner Bartels, guten Tag.«

Bewerber: »Guten Tag, Herr Bartels, mein Name ist Bernd Todt. Ich arbeite zurzeit als kaufmännischer Sachbearbeiter in der Entgeltabrechnung und interessiere mich für eine Tätigkeit in Ihrem Unternehmen.«

Personalverantwortlicher: »Wie sind Sie denn auf uns gekommen?«

Bewerber: »Ich arbeite ebenfalls in der Metallindustrie und bin daher sehr gut mit den Abrechnungsverfahren in der Branche vertraut. Ihr Unternehmen ist mir seit der Hannover Messe bekannt. Ich habe mich damals an Ihrem Stand informiert und verfolge seither auch gezielt Berichte zur Unternehmensentwicklung in Fachzeitschriften.«

Personalverantwortlicher: »Es freut mich, dass Sie unser Unternehmen so aufmerksam beobachten. Momentan haben wir allerdings nur wenig Einstellungsbedarf.«

Bewerber: »Ich habe mich im kaufmännischen Bereich auf die Entgeltabrechnung konzentriert. Die Abrechnung von Löhnen und Gehältern sowie die Mitarbeiterberatung in Entgeltfragen gehört zu meinen Hauptaufgaben. Im Einzelnen sind dies die Anlage und Pflege der Stammdaten, die Bearbeitung der Arbeitszeitkonten und die Prüfung von Abrechnungen.«

Personalverantwortlicher: »Dann sind Sie vorwiegend im Personalbereich tätig gewesen?«

Bewerber: »Zumindest in den letzten Jahren. Nach einer Ausbildung zum Bürokaufmann habe ich zunächst im Vertriebsinnendienst gearbeitet und auch damals schon schwerpunktmäßig die Abrechnungen betreut. Meinen Wechsel in den Personalbereich habe ich mit einer Fortbildung zum Personalkaufmann vorbereitet. Dort bin ich jetzt seit drei Jahren tätig.«

Personalverantwortlicher: »Ihr Profil klingt für mich generell interessant. Vielleicht ergibt sich eine Möglichkeit. Ich müsste allerdings erst einmal den Bedarf sondieren. Sind Sie denn mit der Abrechnungssoftware Easy Money-Check vertraut?«

Bewerber: »Ich habe sehr gute Kenntnisse in der EDV-gestützten Entgeltabrechnung. Das Programm Easy Money-Check habe ich in meiner Fortbildung kennen gelernt.«

Personalverantwortlicher: »Gut, dann sollten Sie mir einmal Ihre Bewerbungsunterlagen schicken, Herr ..., wie war doch gleich der Name?«

Bewerber: »Todt, Bernd Todt. Ich wäre auch an einem mittelfristigen Wechsel interessiert. Es muss nicht gleich von heute auf morgen sein.«

Personalverantwortlicher: »Vermerken Sie das in Ihren Bewerbungsunterlagen, Herr Todt.«

Bewerber: »Vielen Dank für das Gespräch, Herr Bartels. Ich werde Ihnen meine Bewerbungsunterlagen in Kürze zukommen lassen.«

Personalverantwortlicher: »Machen Sie das, Herr Todt, ich werde Ihnen dann eine Rückmeldung geben. Bis dahin: Auf Wiederhören.«

Bewerber: »Auf Wiederhören, Herr Bartels.«

Diesmal liefert der Bewerber gleich nach der Begrüßung Informationen zu seinen Kenntnissen. Er verweist auf seine Tätigkeit als »kaufmännischer Sachbearbeiter in der Entgeltabrechnung« und ermöglicht damit dem Personalverantwortlichen eine schnelle Einordnung des Anrufs. Dabei bleibt der Bewerber aber nicht stehen: Er versucht außerdem gleich, einen persönlichen Draht herzustellen, indem er bewusst Herrn Bartels direkt mit seinem Namen anspricht.

Die Nachfrage des Personalverantwortlichen »Wie sind Sie denn auf uns gekommen?« signalisiert deshalb auch schon Interesse. Herr Bartels ist bereit, dem Bewerber Zeit für weitere Informationen zu geben. Diese Möglichkeit nutzt Herr Todt geschickt mit seinem aussagekräftigen Kurzprofil. Er verweist auf seine Tätigkeit in derselben Branche und betont seine Erfahrungen mit den branchenüblichen Abrechnungsverfahren. Damit zeigt er den gewünschten Realitätssinn. Auch der Verweis auf die Hannover Messe kommt gut an: Bewerber, die signalisieren können, dass sie sich nicht aus einer Laune heraus bewerben, sondern vorher Informationsarbeit betrieben haben, bekommen einen Bonus.

Der Personalverantwortliche versucht nun, die Ernsthaftigkeit der Bewerbung und die Beharrlichkeit des Bewerbers zu testen. Diesen Test besteht Herr Todt, er lässt sich nicht von der Aussage »Momentan haben wir allerdings nur wenig Einstellungsbedarf« verunsichern. Stattdessen bringt er weitere Informationen zu seinen beruflichen Erfahrungen ins Gespräch mit den Schlagworten »Entgeltabrechnung«, »Mitarbeiterberatung«, »Pflege der Stammdaten«, »Bearbeitung der Arbeitszeitkonten« und »Prüfung von Abrechnungen«. Der Erfahrungsschatz des Bewerbers wird so Stück für Stück kenntlich gemacht.

Herr Todt hat es geschafft, das Interesse beim Personalverantwortlichen zu vertiefen, denn Herr Bartels erkundigt sich jetzt nach dem Einsatzbereich. Da Herr Todt weiß, dass ihm die bloße Angabe »Ich bin im Personalbereich tätig« nicht weiterhelfen würde, skizziert er stattdessen seine berufliche Entwicklung und arbeitet einen roten Faden in seinem beruflichen Werdegang heraus. Nun signalisiert der Personalverantwortliche schon Interesse an einer Mitarbeit. Dass er zu diesem Zeitpunkt keine Einstellungszusage machen kann, ist dem Bewerber natürlich bewusst.

Auch die letzte Hürde, die Frage nach den speziellen Softwarekenntnissen, überspringt er elegant. Dass die Abrechnungssoftware »Easy Money-Check« in seiner jetzigen Firma nicht eingesetzt wird, behält Herr Todt geschickt für sich. Lieber verweist er darauf, dass er mit der Software während seiner Fortbildung zum Personalkaufmann gearbeitet hat. So vermeidet er, dass Zweifel an seiner Eignung entstehen.

Der Aufforderung, die Bewerbungsunterlagen zu schicken, wird Herr Todt natürlich gerne nachkommen. Wenn seine Unterlagen genauso überzeugend sind wie sein Auftritt am Telefon, wird einer Einladung zum Vorstellungsgespräch nichts mehr im Wege stehen.

In den nächsten Kapiteln werden wir Ihnen zeigen, was Sie bei der Erstellung Ihrer Bewerbungsunterlagen beachten müssen. Sie werden sehen, dass sich Ihre gründliche Vorarbeit auch für die Ausarbeitung der schriftlichen Unterlagen gelohnt hat. Lassen Sie sich von uns erklären, wie Sie überzeugende Unterlagen anfertigen, damit auch Sie die Chance zu einem Vorstellungsgespräch erhalten.

6. Tipps für Ihr Initiativanschreiben

Das Anfertigen des Anschreibens ist für die meisten Bewerberinnen und Bewerber eine schwierige Angelegenheit. Noch mehr gilt dies für Initiativanschreiben, denn schließlich liegt keine Stellenanzeige vor, der man wichtige Informationen entnehmen kann.

Viele Initiativbewerber verschicken Anschreiben, denen man weder entnehmen kann, welche Position der Absender anstrebt, noch über welche besonderen Fähigkeiten er verfügt. Aber gerade für Initiativbewerber ist es wichtig, bereits mit dem Anschreiben ein individuelles berufliches Profil zu präsentieren. Denn Ihre Unterlagen kommen »unaufgefordert«, also ohne extern ausgeschriebene Suche des Unternehmens, auf den Schreibtisch des Personalverantwortlichen. Aus diesem Grund müssen Initiativanschreiben ganz besonders viel Interesse und Neugier beim professionellen Leser hervorrufen. Dies gelingt jedoch nur, wenn eine intensive Auseinandersetzung mit den eigenen Stärken und eine Beschäftigung mit den Wünschen der Unternehmen vorausgegangen ist. Denn nur dann gelingen Ihnen aussagekräftige und passgenaue Initiativanschreiben, in denen die Personalprofis Argumente für Ihre Einstellung finden.

Leider flüchten sich zu viele Bewerber in allgemein gehaltene Floskeln und hoffen, dass den zuständigen Entscheidern im Unternehmen schon ein Einsatzbereich einfällt. Aber dieser Wunsch wird nicht in Erfüllung gehen. Bedenken Sie auch, dass das Anschreiben das erste Element in der Bewerbungsmappe ist: Wer sich hier schon eine Blöße gibt, kann nicht damit rechnen, dass man sich mit seinen weiteren Unterlagen noch beschäftigen wird.

Sie müssen sich deshalb mit Ihrem Initiativanschreiben richtig in Szene setzen. Lassen Sie sich auf den nachfolgenden Seiten erklären, welchen Stellenwert Anschreiben für Personalverantwortliche haben und welche Fehler Sie vermeiden sollten. Sorgen Sie dafür, dass Ihr Initiativanschreiben formal und inhaltlich überzeugt.

Warum überhaupt ein Anschreiben?

Bewerber erzählen uns oft von ihren Schwierigkeiten, ein gutes Anschreiben anzufertigen. Viele sitzen noch nach Stunden brütend über einer leeren Seite. Bereits der erste Satz nach der Anrede ist eine große Hürde. Wie fängt man an? Und was muss im Anschreiben enthalten sein? Was darf auf keinen Fall erwähnt werden? Viele Bewerber fragen sich schließlich, warum man überhaupt ein Anschreiben mitschicken muss. Wieso genügt es beispielsweise nicht, den Lebenslauf als Datenblatt zu versenden?

Aus unserer langjährigen Beratungspraxis können wir Ihnen versichern, dass die Forderung eines Anschreibens keine bloße Schikane der Personalverantwortlichen ist: Es gibt gute Gründe – auch aus Bewerbersicht –, ein Anschreiben professionell auszuarbeiten. Um an dieser Stelle gleich das erste Missverständnis auszuräumen: Ein Anschreiben ist auf gar keinen Fall ein schlichter Begleitbrief für die mitgesandten Unterlagen! Das Anschreiben hat für Personalverantwortliche deshalb einen hohen Stellenwert, weil sie es als ein Gutachten des Bewerbers über seine beruflichen Qualifikationen betrachten.

Professionelle Leser in den Personalabteilungen versuchen deshalb, aus dem Anschreiben herauszulesen, wie ein Bewerber sein Fachwissen und seine Soft Skills einschätzt. Wenn beispielsweise ein Anschreiben zu allgemein gehalten ist, schließt der Personalverantwortliche daraus, dass der Bewerber glaubt, nicht mehr zu können als andere auch – ein Bewerber, der sich zum Mittelmaß bekennt, befördert sich bei Initiativbewerbungen sofort ins Aus. Warum sollte sich ein Unternehmensvertreter mit unaufgefordert zugesandten Bewerbungsunterlagen auseinandersetzen, hinter denen ein mittelmäßiger Bewerber steckt?

Das sollten Sie sich merken:
Es geht im Anschreiben ganz wesentlich um die Selbsteinschätzung eines Bewerbers: Ein Anschreiben ist ein Gutachten in eigener Sache.

Personalverantwortliche erwarten vielmehr, im Anschreiben schon Argumente für die Einstellung des Kandidaten zu finden. Sie verlangen vom Bewerber, dass er etwas über seine berufliche Eignung sagen kann. Denn nur wer kompetent über sich selbst Auskunft geben kann, bringt die Fähigkeit zur Selbstreflexion, sprachliches Ausdrucksvermögen und Einfühlungsvermögen für die Belange anderer mit. Dies sind wichtige Soft Skills im Berufsalltag.

Das Initiativanschreiben sollte jedoch nicht nur informativ, sondern vor allem frei von Krisen- und Problemschilderungen sein. Denn aus der Art, wie sich jemand präsentiert, versuchen die Personalverantwortlichen die Person einzuschätzen. Beschreibt jemand schon zu Anfang, welche Fehler ihm bislang unterlaufen sind, wird man kein besonders großes Zutrauen zu ihm fassen. Stehen im Anschreiben Aussagen im Telegrammstil, vermutet man einen verschlossenen Charakter dahinter. Und Menschen, die nicht auf den Punkt kommen und ausufernd erzählen, wird man unterstellen, dass sie ihre Gedanken nicht strukturieren können.

Denken Sie daran, dass Personalverantwortliche immer auf der Suche nach Hinweisen sind, aus denen sich die Persönlichkeit des Bewerbers erschließen lässt. Deswegen wird Ihr Anschreiben auch ganz genau analysiert werden. Der erste Eindruck, der sich aus dem Anschreiben ergibt, ist also insbesondere bei Initiativbewerbungen entscheidend.

Vermeidbare Fehler

Aus unseren Gesprächen mit Personalverantwortlichen und aus unserer Beratungspraxis wissen wir, dass die Möglichkeiten, die eine gut gemachte Initiativbewerbung bietet, leider nur von den allerwenigsten Bewerbern genutzt werden. Fragen wir nach, woran es denn im Einzelnen liegt, werden bestimmte Fehler immer wieder kritisiert.

Besonders ärgerlich finden Personalverantwortliche Schnitzer im Anschreiben, die ein Bewerber mit etwas Sorgfalt hätte vermeiden können. Dazu gehören Flüchtigkeitsfehler, ungegliederte und unlesbare Textmengen, Anschreiben über mehrere Seiten, Platituden oder Texte im Telegrammstil. Doch nicht nur an der Form hapert es gewaltig. Die Personalprofis vermissen häufig ein eindeutiges Profil der Bewerber. Aus vielen Initiativanschreiben wird leider nicht deutlich, welchen Nutzen die Firma von der Einstellung des Bewerbers hätte.

Eine mangelhafte Aufbereitung des Bewerberprofils und die Unkenntnis der zukünftigen Aufgaben stören die Firmenvertreter natürlich am meisten. Denn dies zeigt, dass der Bewerber schlecht vorbereitet und nicht bereit ist, sich mit der eigenen beruflichen Zukunft auseinanderzusetzen. Aber unterschätzen Sie auch nicht die Details und kleinen formellen Fehler, die häufig dazu führen, dass eine Bewerbung ganz schnell wieder aussortiert wird. Schreibt beispielsweise ein Bewerber schon die Firmenanschrift falsch, wird ein Personalverantwortlicher nur noch wenig Lust haben, sich weiter mit dem Anschreiben zu beschäftigen.

Bedenken Sie deshalb immer, dass dem Anschreiben der Charakter einer ersten Arbeitsprobe zukommt. Zeigen Sie sich hier nachlässig, dann wird dies gegen Sie sprechen. Oder was würden Sie denken, wenn sich eine Bürokauffrau mit einem Anschreiben empfehlen möchte, das reihenweise Rechtschreibfehler und Buchstabendreher enthält? Und wie würden Sie einen PR-Assistenten einschätzen, der im Anschreiben nur eine Worthülse an die nächste reiht?

Vorsicht Falle!
Aus der Art und Weise, wie Sie Ihr Anschreiben gestalten, ziehen die Leser in den Personalabteilungen Rückschlüsse, wie Sie in Zukunft an Arbeitsaufgaben herangehen werden.

Die Eigentore, die so manche Bewerber in Initiativanschreiben schießen, sollten Ihnen nicht unterlaufen. Führen Sie sich anhand der Infobox »Todsünden im Anschreiben« vor Augen, welche Schlussfolgerungen Personalverantwortliche ziehen, wenn sie diese Schnitzer im Anschreiben entdecken.

Todsünden im Anschreiben

Das schreiben Bewerber:		Das verstehen Personalprofis:
Im Absender Firmen-E-Mail oder Firmendurchwahl angegeben	→	Der Bewerber kassiert zwar Gehalt von seiner Firma, arbeitet aber nicht dafür.
Keine Gliederung des Textes in Absätze	→	Der Bewerber kann seine Gedanken nicht strukturieren.
Viel zu lange Sätze	→	Der Bewerber kann Informationen nicht auf den Punkt bringen.
Rechtschreibfehler	→	Der Bewerber arbeitet nachlässig bis schlampig.
Schrift ist zu klein und unlesbar.	→	Dem Bewerber fehlt Kundenorientierung.
Fachchinesisch	→	Der Bewerber versteckt sich hinter seiner fachlichen Autorität.
Mehrseitige Anschreiben	→	Der Bewerber kann Wichtiges und Unwichtiges nicht trennen.
»Am momentanen Arbeitsplatz fühle ich mich unterfordert.«	→	Eigeninitiative scheint dem Bewerber fremd zu sein.
»Da mein Arbeitgeber keinen Wert mehr auf meine Mitarbeit legt, bewerbe ich mich bei Ihnen.«	→	Am liebsten würde der Bewerber bei seiner alten Firma bleiben.
»Sie können mich jederzeit anrufen, auch gern in den Abendstunden und am Wochenende, um mit mir einen Termin für ein Vorstellungsgespräch zu vereinbaren.«	→	Der Bewerber steht unter starkem Druck.

→ FORTSETZUNG AUF DER NÄCHSTEN SEITE

»Weitere Informationen entnehmen Sie bitte meinen Unterlagen.«	→ Der Bewerber ist sich zu schade für Auskünfte in eigener Sache.

Auch wenn Sie selbst wissen, dass Sie berufliche Aufgaben gut in den Griff bekommen – der angeschriebene Personalverantwortliche weiß dies nicht, schließlich kennt Ihr Adressat Sie noch nicht und kann daher auch nicht wissen, was Sie alles zu leisten vermögen. Selbst wenn ein telefonischer Vorabkontakt stattgefunden hat, müssen Sie im Initiativanschreiben Argumente für Ihre Einstellung liefern. Denn der Leser in der Personalabteilung soll Sie als zukünftigen Mitarbeiter in der Fachabteilung vorschlagen – und dafür braucht er von Ihnen Argumente!

Damit Sie nicht mit Ihren Initiativanschreiben Schiffbruch erleiden, erläutern wir Ihnen nun, wie Sie Personalverantwortliche überzeugen können. Setzen Sie sich zunächst mit den formalen Anforderungen an gute Anschreiben auseinander. Danach werden wir mit Ihnen daran arbeiten, Ihre Argumente mit den richtigen Worten zu verpacken.

Die Form beachten

Als ersten Schritt möchten wir Ihnen die Formalien nahebringen, denn wir wissen, dass auch die besten Argumente nichts nützen, wenn sie fehlerhaft und unübersichtlich präsentiert werden. Bereits mit einem flüchtigen Blick auf Ihr Anschreiben sollte der professionelle Leser erkennen, dass Sie Entscheidungsvorlagen lesefreundlich aufbereiten können und auch die kleinen, aber feinen Details beachten.

Ganz oben auf der Seite steht immer der Absender, entweder konventionell über der Firmenadresse, als Kopfzeile formatiert oder rechtsbündig neben der Firmenanschrift. Bei Ihrem Absender darf auf keinen Fall Ihre Telefonnummer fehlen, denn Firmenvertreter legen stets Wert auf die Möglichkeit einer schnellen Kontaktaufnahme. Auch Ihre private (!) E-Mail-Adresse sollten Sie unbedingt angeben. Die E-Mail-Adresse oder die Durchwahl Ihres jetzigen Arbeitsplatzes haben in Ihrem Anschreiben rein gar nichts verloren! Personalprofis würden daraus nur folgern, dass Sie sich auch zukünftig in Ihrer bezahlten Arbeitszeit eher privaten Dingen als beruflichen Aufgaben widmen werden.

Als nächstes Element folgt die Firmenanschrift. Achten Sie darauf, sowohl den Firmennamen als auch die Rechtsform richtig anzugeben. Allzu schnell wird aus einer GbR fälschlicherweise eine GmbH gemacht oder aus der GmbH & Co. KG eine GmbH & Co. AG. Dies darf Ihnen nicht passieren, denn sonst ist der professionelle Leser schon negativ eingestimmt, bevor es an die eigentliche Prüfung des Textes geht.

Ein häufiger Fehler in Initiativbewerbungen ist auch die falsche Angabe der Abteilung, die sich mit der Prüfung der Unterlagen beschäftigt. Mangels Stellenanzeige verwenden Bewerber hier häufig die ihnen aus ihrer alten Firma vertraute Bezeichnung. In dem angeschriebenen Unternehmen kann diese Abteilung aber ganz anders heißen, beispielsweise »Personalbüro« statt »Personalabteilung« oder »Human Resources Management« statt »Personalentwicklung«. Gleiches gilt für die Fachabteilungen, in denen der Bewerber gerne arbeiten würde. Was in einer Firma »Presseabteilung« genannt wird, kann in der anderen die »Abteilung für PR und Öffentlichkeitsarbeit« sein. Erkundigen Sie sich deshalb vorab, wie die korrekte Bezeichnung lautet.

Ein weiterer Punkt, auf den Sie ganz besonders bei Initiativbewerbungen achten müssen, ist die persönliche Ansprache. Sie werden wenig Erfolg haben, wenn Sie Ihr Anschreiben mit der allgemeinen Anrede »Sehr geehrte Damen und Herren« beginnen, dann wird sich niemand für Sie zuständig fühlen. Richten Sie jede Bewerbung an einen konkreten Ansprechpartner, den Sie vorab recherchiert haben. Den Namen dieser Kontaktperson müssen Sie natürlich auch richtig schreiben. Lassen Sie sich schwierige Namen im Zweifelsfall buchstabieren oder erkundigen Sie sich noch einmal in der Telefonzentrale der Firma nach der Schreibweise des Namens. Insbesondere bei schwierigen Nachnamen oder Doppelnamen schleicht sich schnell der Fehlerteufel ein.

Nach Absender und Adresse geht es um die Gestaltung von Betreff- und Bezugzeile. Wer hier noch die Abkürzungen »Betr.« oder »Bez.« voranstellt, wirkt leider etwas altbacken. Verzichten Sie deshalb auf die früher üblichen Kürzel. Aber natürlich müssen Sie in Ihrem Anschreiben eine Betreff- und eine Bezugzeile aufführen. Hier reicht jedoch nicht die Angabe »Initiativbewerbung« oder womöglich nur »Bewerbung«. Sie müssen dem Leser in der Personalabteilung schon zeigen, dass Sie einen bestimmten Aufgabenbereich im Blick haben. Außerdem sind Kandidaten, die mitdenken und kundenorientiert handeln, schließlich immer gefragt. Besser wäre daher die Angabe »Initiativbewerbung als Techniker für die Montage« oder »Initiativbewerbung für den Vertriebsinnendienst«. Mit dieser zielgerichteten Vorgehensweise unterstreichen Sie ein weiteres Mal, dass Sie passgenaue Unterlagen erstellen. In die Bezugzeile gehört der Verweis auf Vorabkontakte. Schreiben Sie beispielsweise »Unser Telefongespräch von gestern« oder »Gespräch auf der CEBIT und unser Telefonat vom 15.09.2009«. Damit erleichtern Sie dem angeschriebenen Firmenvertreter die Erinnerung an Sie.

Insgesamt sollte Ihr Anschreiben lesefreundlich verfasst sein, sich also in mehrere Absätze gliedern. Ob Sie sich für den linksbündigen Flattersatz oder den Blocksatz entscheiden, bleibt Ihnen überlassen. Achten Sie nur insbesondere beim Blocksatz darauf, eine Silbentrennung durchzuführen, um zu große

Lücken zu vermeiden. Am besten zu lesen ist eine Schriftgröße um die 12 Punkt. Schriftgröße und Schriftart sollten im Anschreiben und im Lebenslauf gleich sein, ebenso übrigens die Papiersorte: Hier sollten Sie unbedingt ein Druckerpapier guter Qualität verwenden.

Vorsicht Falle!
Benutzen Sie die gleiche Schriftart, Schriftgröße und Papiersorte für Anschreiben und Lebenslauf. Sonst unterstellt man Ihnen, dass Sie das Anschreiben zwar angepasst, aber einen alten Lebenslauf noch einmal benutzt haben.

Achten Sie auf einen präzisen und informativen Stil und vermeiden Sie lange, verschachtelte Sätze. Zeigen Sie, dass Sie auch und gerade bei knapper Platzvorgabe auf den Punkt kommen können. Inhaltliche Angaben lassen sich viel besser erschließen, wenn sie portionsweise präsentiert werden. Deshalb sollten Sie absatzweise thematische Schwerpunkte bilden. Wie Sie hier im Detail vorgehen sollten, erfahren Sie im anschließenden Abschnitt »Überzeugende Formulierungen«.

Die übliche Schlussformel lautet in geschäftlicher Korrespondenz: »Mit freundlichen Grüßen«. Fehl am Platz wirkt die Abkürzung »MfG« ebenso wie die distanzlos wirkende Formel »Ich hoffe, bald von Ihnen zu hören, und verbleibe bis dahin mit herzlichen Grüßen«. Ältere Bewerber sollten aufpassen, nicht mit der früher üblichen Schlussformel »Mit freundlichem Gruß« Spekulationen darüber aufkommen zu lassen, ob sie sich noch auf der Höhe der Zeit befinden.

Auch bei einer vollständigen Bewerbungsmappe müssen Sie im Anschreiben nicht detailliert aufführen, was Sie im Einzelnen als Anlagen beifügen. Hier genügt der schlichte Hinweis

»Anlagen«. Nutzen Sie den knappen Platz in Ihrem Initiativanschreiben lieber für Argumente, die inhaltlich Ihre Einstellung unterstützen.

Dass die meisten Bewerbungsunterlagen heute mit dem Computer erstellt werden, ist bekannt. Zeigen Sie also ruhig, dass Sie sich beim Layout Ihrer Unterlagen Gedanken gemacht haben, aber strapazieren Sie bitte nicht mit übertriebenen Spielereien das Auge des Betrachters. Zeichenformatierungen wie kursiv, fett, unterstrichen oder gerahmte Absätze dokumentieren nur das Leistungsvermögen Ihrer Textverarbeitung – aber nicht das Ihrige.

Vorsicht auch mit der Funktion »Serienbrief«. Damit kann der gleiche Standardtext mit wenig Aufwand an viele Firmen versandt werden. Mit dieser Vorgehensweise hat sich jedoch schon so mancher ins Aus befördert, denn wenn in der Firmenadresse ein anderer Ansprechpartner als in der Anrede auftaucht, wird die Prüfung natürlich sofort beendet. Kontrollieren Sie deshalb Ihr Anschreiben vor dem Versand noch einmal gründlich oder lassen Sie es von einem Bekannten gegenlesen.

Überzeugende Formulierungen

Ob Berufswechsler, Einsteiger oder gestandene Führungskraft: Fast alle Bewerber haben große Schwierigkeiten damit, die richtigen Worte für die Beschreibung Ihres beruflichen Profils zu finden. Natürlich ist dies nachvollziehbar, denn die angemessene Selbstdarstellung ist nicht einfach. Besteht doch immer die Gefahr, dabei über das Ziel hinauszuschießen und von den Entscheidern mit dem Etikett »Eigenlob stinkt« versehen aussortiert zu werden. Glücklicherweise gibt es einige Tricks für die sprachliche Ausgestaltung von Anschreiben. Wir werden Ihnen erklären, wie Sie Interesse an Ihrem beruflichen Profil wecken können, ohne dabei übertreiben zu müssen.

Die Kommunikationspsychologie hat erforscht und dokumentiert, wie man in kürzester Zeit die Sympathie seiner Zuhörer oder Leser gewinnen kann. Aus diesen Erkenntnissen haben wir in unserer Beratungspraxis Grundregeln für die Ausformulierung von Anschreiben entwickelt, die wir schon vielfach in der Praxis erprobt haben und die auch Ihren Anschreiben zum gewünschten Erfolg verhelfen werden. Die Erfolgsregeln lauten:

→ ***Regel 1:*** **Wunschposition im Blick haben**
→ ***Regel 2:*** **Individuelles Profil vermitteln**
→ ***Regel 3:*** **Beispiele für Soft Skills geben**
→ ***Regel 4:*** **Beschreiben statt bewerten**
→ ***Regel 5:*** **Schlüsselbegriffe aus dem Tagesgeschäft nutzen**

Wunschposition im Blick haben

Häufiger Kritikpunkt von Personalverantwortlichen an Initiativbewerbungen ist, dass im Anschreiben überhaupt nicht auf eine spezielle berufliche Position eingegangen wird. Natürlich liegt keine Stellenausschreibung vor, aber nichtsdestotrotz müssen Sie sich auch bei Initiativbewerbungen für ein Berufsfeld entscheiden. Hier geht es nicht darum, dass Sie eine ganz bestimmte Stellenbezeichnung benutzen, die im angeschriebenen Unternehmen verwandt wird. Aber Sie müssen einen Arbeitsbereich angeben, in dem Sie tätig werden möchten, beispielsweise Außendienst, Produktion, Service, Verkauf oder Personalwesen.

Ihr Initiativanschreiben wird erst dann auf Interesse stoßen, wenn zu erkennen ist, dass Sie selbst wissen, in welchem Arbeitsbereich Ihre Stärken am besten zum Tragen kommen. Zeigen Sie deshalb in Ihrem Anschreiben, dass Sie Ihre Wunschposition fest im Blick haben. Dazu sollten Sie Zusatzinformationen, die

Sie vorab in persönlichen oder telefonischen Gesprächen erfragt haben, mit einfließen lassen. Haben Sie beispielsweise in Ihrem telefonischen Vorabkontakt erfahren, dass die Firma viel Wert auf eine kontinuierliche Qualitätskontrolle legt, könnten Sie im Anschreiben formulieren: »Neben meinen Aufgaben im Tagesgeschäft war ich auch Mitglied eines Qualitätszirkels. Die Auseinandersetzung mit Qualitätsfragen spielt auch momentan eine wichtige Rolle in meiner Arbeit.«

Und wenn man Ihnen am Telefon mitgeteilt hat, dass die Firma Wert auf SAP R/3-Kenntnisse legt, sollten Sie dies im Initiativanschreiben so aufgreifen: »Die EDV-gestützte Lagerhaltung habe ich intensiv kennen gelernt. Mit den in diesem Bereich wichtigen SAP R/3-Modulen habe ich mich vertraut gemacht.« Stellen Sie aus diesem Grund die Aufgaben Ihrer jetzigen Tätigkeit heraus, die den größten Bezug zur Wunschposition und zu den Wünschen des Unternehmens haben.

Das sollten Sie sich merken:
Nur zu wissen, was der Firma wichtig ist und welche speziellen Wünsche sie hat, reicht nicht aus. Ihr Initiativanschreiben muss erkennen lassen, dass Sie diese Informationen verstanden und verarbeitet haben.

Individuelles Profil vermitteln

Ohne die Ausarbeitung Ihres individuellen Profils können Sie sich das Porto für Ihre Bewerbung sparen – nicht ohne Grund haben wir schließlich die Profil-Methode® als Bewerbungsstrategie entwickelt. Umso mehr gilt dies für Initiativbewerbungen, die »unaufgefordert« auf den Schreibtischen der Personalprofis landen. Ein Initiativbewerber muss schon im Anschreiben sein spezifisches Können herausstellen. Ob spezielle Branchenerfahrung, umfangreiches Computerwissen, praxiserprobte Sprachkenntnisse, besondere Fähigkeiten im Umgang mit Kunden, Ausdauer bei der Lösung kniffliger technischer Fragen oder Talent bei der Schulung von Kollegen: Jeder und jede hat etwas Besonderes zu bieten.

Die Schwierigkeiten liegen einzig und allein in der Art der Darstellung: Es reicht nicht, wenn im Anschreiben beispielsweise steht »Ich möchte bei Ihnen im Kundenservice arbeiten, weil mich dieser Bereich schon immer angezogen hat.« Etwas mehr Substanz sollte es schon sein. Ein individuelles Profil ist eher hinter diesen Worten zu vermuten: »Als Mitarbeiter im Service habe ich Reklamationen entgegengenommen und Kundenanfragen bearbeitet. Mein guter Draht zu den Fachabteilungen kam mir dabei zugute. Ich konnte Kunden stets schnell einen Spezialisten zur Lösung seiner Probleme vermitteln.«

Diese realistische Darstellung des eigenen Berufsfeldes wird Personalverantwortliche überzeugen. Die konkrete Darstellung einzelner Aufgaben sichert Ihnen die nötige Aufmerksamkeit. Arbeiten auch Sie einzelne berufliche Aufgaben im Initiativanschreiben heraus, die Sie besonders gut gelöst haben. Zeigen Sie auf, was Sie können und was Sie Mitbewerbern voraushaben.

Beispiele für Soft Skills geben

Im heutigen Berufsalltag spielen Soft Skills eine wichtige Rolle. Stellen Sie deshalb schon im Anschreiben heraus, über welche persönlichen Fähigkeiten Sie verfügen. Leider sind jedoch bloße Feststellungen wie »Ich bin begeisterungsfähig, kreativ und flexibel einsetzbar« oder »Mich zeichnet besonders meine Teamfähigkeit aus« Nullaussagen. Warum sollte man Ihnen dies glauben? Mit Behauptungen ohne Beleg vergeuden Sie nur wertvolle Zeilen im Anschreiben. Die Gefahr, dass diese Worthülsen den Leser abschrecken oder zumindest verärgern, ist sehr groß.

Machen Sie deshalb Ihre Soft Skills an Beispielen fest. Skizzieren Sie berufliche Situationen, in denen Sie die entsprechenden persönlichen Fähigkeiten konkret eingesetzt haben. Möchten Sie sich zum Beispiel als »begeisterungsfähig« beschreiben, könnten Sie formulieren: »Neben der Spesenabrechnung und dem Werbemitteleinkauf, den ich im Vertriebsinnendienst betreut habe, habe ich mich auch mit neuen Marketingmethoden wie dem Direktmarketing auseinandergesetzt. Um meine Kenntnisse zu vertiefen, besuchte ich entsprechende Seminare und konnte meinen Kollegen dann Hilfestellung bei der Umsetzung des Direktmarketings geben.« Aus dieser Beschreibung Ihrer Arbeitsweise wird deutlich, dass Sie sich für Neues begeistern können. Der Personalverantwortliche kann erkennen, dass Ihre Begeisterungsfähigkeit nicht nur ein Strohfeuer ist, sondern dass Sie auch am Ball bleiben. Versuchen Sie deshalb, in Ihren Anschreiben konkrete Berufserfahrungen aufzugreifen, anhand derer Sie Ihre Soft Skills belegen können.

Beschreiben statt bewerten

Eine Frage, die sich eigentlich alle Bewerber stellen, lautet: »Wie stelle ich meine Kenntnisse dar, ohne dass ich mich übertrieben anpreise oder mich womöglich unter Wert verkaufe?« Dies ist einer der schwierigsten Aspekte im Bewerbungsverfahren: die gesunde Balance zu finden zwischen dem Graue-Maus- und dem Superman-Image.

Die goldene Regel der Bewerbungskommunikation lautet: »Beschreiben, aber nicht bewerten«. Dies gelingt Ihnen, indem Sie neutrale Formulierungen einsetzen, wie »Ich habe ... gemacht« oder »Zu meinen Tätigkeitsbereichen gehören ...«. Der Vorteil beschreibender Behauptungen liegt darin, dass Sie dem

Leser zwar Informationen liefern, ihn aber nicht unabsichtlich zum Widerspruch herausfordern und damit in eine Konfrontationshaltung hineintreiben. Auf diese Weise kann er sich unbelastet ein (positives) Urteil über Sie bilden.

Aus unseren Bewerbungstrainings und Einzelberatungen wissen wir, dass es jedem mit etwas Übung gelingt, sich einen beschreibenden Stil anzugewöhnen. Diese Art der Darstellung ermöglicht Ihnen eine souveräne Präsentation Ihres beruflichen Profils im gesamten Bewerbungsverfahren. Orientieren Sie sich an der Infobox »Sachliche Beschreibungen«. Setzen Sie einfach Ihre speziellen Kenntnisse und Erfahrungen in die Lücken ein – und schon klingt Ihre Selbstdarstellung im Anschreiben glaubwürdig.

Sachliche Beschreibungen

- → »Ich verfüge über Computerkenntnisse in den Programmen ..., ... und ...«
- → »Am Projekt ... habe ich mitgearbeitet.«
- → »In einer meiner Sonderaufgaben war ich mit der Umsetzung von Maßnahmen im Bereich ... betraut.«
- → »Ich habe ... und ... organisiert.«
- → »Meine besonderen Erfahrungen liegen in den Bereichen ..., ... und ...«
- → »Im Rahmen einer Vertretung habe ich auch die Bereiche ... und ... kennen gelernt.«
- → »Ich habe mich schwerpunktmäßig mit ... und ... beschäftigt.«
- → »In meiner Tätigkeit als ... war ich überwiegend für ... und ... zuständig.«

→ FORTSETZUNG AUF DER NÄCHSTEN SEITE

- → »Verantwortlich war ich für ... und ...«
- → »Bei meinem vorletzten Arbeitgeber habe ich mich auch intensiv mit ... auseinandergesetzt.«
- → »Zusätzlich bin ich auch mit den Aufgaben eines ... betraut worden.«
- → »In einer Weiterbildung habe ich meine Kenntnisse im Bereich ... aufgefrischt.«
- → »Durch meine Erfolge in den Bereichen ... und ... konnte ich zum ... aufsteigen.«

Schlüsselbegriffe aus dem Tagesgeschäft verwenden

Sind Ihnen bei der vorherigen Infobox auf Anhieb nicht genügend Arbeitsbereiche eingefallen, mit denen Sie die Lücken füllen konnten? Wenn dies der Fall ist, dann bestätigen Sie nur die Regel: Meist sind wir mit den Dingen, die uns täglich gut von der Hand gehen, so vertraut, dass wir sie kaum in Worte fassen können. Deshalb sollten Sie nun versuchen, Schlüsselbegriffe aus dem Tagesgeschäft zu finden, um Ihre beruflichen Erfahrungen und Fähigkeiten im Anschreiben stichwortartig erkennen zu lassen.

Schlüsselbegriffe sind Wörter mit besonders hohem Informationsgehalt. Wer in der Lage ist, seine Selbstdarstellung mittels Schlüsselbegriffen und Schlagworten aus seinem Fachbereich und seiner Branche anzureichern, kann sein Profil in kurzer Zeit prägnant, aber aussagekräftig vermitteln.

Statt »Ich kenne die Möbelproduktion in- und auswendig. Meine beruflichen Erfahrungen sind umfassend« sollte ein technischer Betriebswirt in der Möbelproduktion deshalb besser diese inhaltlich fundiertere Variante verwenden: »In der Möbelproduktion habe ich die Arbeitsvorbereitung für Sonderfertigungen übernommen, auch die Produktionsplanung und -steuerung gehörte zu meinen Aufgaben. Daneben habe ich umfassende Wirtschaftlichkeitsanalysen durchgeführt.« Die eingesetzten Schlüsselbegriffe »Arbeitsvorbereitung«, »Produktionsplanung«, »Produktionssteuerung«, »Wirtschaftlichkeitsanalysen« und »Sonderfertigungen« sprechen Bände. Wer mit wenigen Worten verdeutlichen kann, dass er sich bereits in der Vergangenheit mit den Dingen beschäftigt hat, die auch in dem angeschriebenen Unternehmen gefragt sind, wird sich durchsetzen.

Finden auch Sie die geeigneten Schlüsselbegriffe und Schlagworte für Ihren Arbeitsbereich heraus. Zur Orientierung können Sie Stellenanzeigen heranziehen, in denen Ihre momentanen oder früheren Arbeitsinhalte ausgeschrieben werden. Auch Arbeitszeugnisse, Arbeitsverträge oder interne Arbeitsplatzbeschreibungen können Ihnen hier eine Hilfe sein. Vergessen Sie auch nicht, Sonderaufgaben und zusätzliche Projekte zu erwähnen, die für die neue Firma von Interesse sein könnten.

Beherzigen Sie die vorgestellten Überzeugungsregeln für Anschreiben. Denn wenn Ihr Initiativanschreiben inhaltlich überzeugt, machen Sie den Leser neugierig. Wenn Sie es mit dem Anschreiben schaffen, Personalverantwortliche zur Prüfung Ihrer Bewerbungsunterlagen zu veranlassen, sind Sie einen entscheidenden Schritt weiter.

7. So gelingt Ihr Initiativanschreiben

Damit Sie eine bessere Vorstellung davon bekommen, wie sich unsere Tipps und Hinweise zur Gestaltung von Initiativanschreiben umsetzen lassen, stellen wir Ihnen nun einige Beispiele aus der Praxis vor. Wir beginnen mit einer misslungenen Version, die wir überarbeitet und verbessert haben. Beide Versionen haben wir kommentiert, damit Sie die Fehler, aber auch die gelungenen Formulierungen besser einschätzen können.

Ob ein Initiativanschreiben Ablehnung hervorruft oder Interesse weckt, hängt letztendlich von vielen wichtigen Details ab, die in der Summe darüber entscheiden. So wird ein einzelner Rechtschreibfehler nicht sofort zu einer Absage führen. Häufen sich allerdings formale Fehler, ist die Absageentscheidung schnell getroffen. Genauso sieht es mit der inhaltlichen Seite aus: Nicht jeder Gedanke muss brillant ausformuliert sein. Kann ein Bewerber jedoch kein einziges vernünftiges Argument für seine Einstellung liefern, wandert seine Bewerbung schnell auf den Stapel »Absagen«.

Lassen Sie sich von den positiven Beispielen in diesem Kapitel überzeugen. Sie werden sehen, wie Bewerber mit gründlicher Vorarbeit und Sorgfalt bei der Erstellung punkten können.

Beispielanschreiben 1

Stefan Michaelis, Teichstraße 18, 25421 Pinneberg

Arbeitsplatz Systeme GmbH & Co. AG
Personal
Heidering 17-19
21339 Lüneburg

Bewerbung

Sehr geehrte Damen und Herren,

ich bin auf der Suche nach der neuen Herausforderung.

Für mich spricht:

- Meine Erfahrungen im Bereich der Holztechnik sind vielfältig.
- Ich bin ein teamorientierter, leistungsbereiter Mitarbeiter.
- Lernbereitschaft ist für mich kein Fremdwort.
- Meine Kollegen werden bestätigen, dass man sich immer auf mich verlassen kann.
- Ich habe schon in diversen Firmen mitgearbeitet und bin daher flexibel.

Leider hat mir mein momentaner Arbeitgeber keine interessanten Aufgaben mehr zu bieten. Weitere Informationen über mich entnehmen Sie bitte dem Lebenslauf und den Arbeitszeugnissen. Selbstverständlich stehe ich Ihnen jederzeit für Rückfragen zur Verfügung.

Laden Sie mich ein, damit wir uns besser kennen lernen können!

Mit freundlichen Grüßen

Stefan Michaelis

Dass sich der Bewerber nicht viel Mühe mit seinem Anschreiben gegeben hat, wird auf den ersten Blick deutlich. Personalverantwortliche wünschen sich zwar öfter, dass Bewerber auf den Punkt kommen, aber der von Herrn Michaelis gewählte Telegrammstil ist doch des Guten zu viel.

Zwar ziehen die mit Aufzählungspunkten versehenen Zeilen den Blick des Lesers an, aber letztendlich enthalten sie keine Informationen, die bei der Bewertung des Bewerbers weiterhelfen. Was meint der Bewerber mit »vielfältigen Erfahrungen«? Wo sind Belege dafür, dass er ein »teamorientierter, leistungsbereiter Mitarbeiter« ist? Und warum soll »Lernbereitschaft« für ihn kein Fremdwort sein? Mit dem letzten Aufzählungspunkt schießt der Bewerber sogar ein Eigentor: Er möchte durch die Mitarbeit in diversen Firmen seine Flexibilität beweisen. Aber so wie er es darstellt, liest man eher heraus: »Ich bin ein Jobhopper und habe Schwierigkeiten damit, mich anzupassen. Deshalb fliege ich nach kurzer Zeit überall wieder raus.«

Geht man das Initiativanschreiben Schritt für Schritt durch, springen weitere Fehler ins Auge. Zum Beispiel sind die Kontaktdaten des Bewerbers unvollständig. Warum gibt er keine Telefonnummer an? Glaubt er, am Telefon nicht überzeugen zu können? Bei der Firmenanschrift hat er zudem aus der »GmbH & Co. KG« eine »GmbH & Co. AG« gemacht. Dieser Bewerber achtet nicht darauf, sorgfältig zu arbeiten. Ebenfalls falsch ist die Bezeichnung »Personal«, denn es handelt sich um die »Personalabteilung«.

Beim Leser in der Personalabteilung wird sich schließlich der Verdacht verfestigen, dass es sich hier um ein Bewerbungsrundschreiben handelt, das der Bewerber auf Halde produziert hat. Dafür spricht das Fehlen eines Tagesdatums wie auch die allgemein gehaltene Betreffzeile »Bewerbung«. Es wird an keiner Stelle deutlich, um welche Position beziehungsweise um welche Arbeitsbereiche es Herrn Michaelis überhaupt geht. Er hat es noch nicht einmal nötig, zumindest seine formale Berufsqualifikation, also Ausbildungs- oder Studienabschluss und momentane Berufsbezeichnung, zu nennen. Aus der allgemeinen Anrede »Sehr geehrte Damen und Herren« und der fehlenden Bezugzeile lässt sich zudem folgern, dass es keinen Vorabkontakt, weder persönlich noch telefonisch, gegeben hat. Hier streut offenbar ein Bewerber seine Anschreiben nicht initiativ, sondern blind und ziellos in alle Winde.

Der Eingangssatz »Ich bin auf der Suche nach der neuen Herausforderung« klingt zwar recht zupackend, aber wieder verschweigt Herr Michaelis, in welchem Arbeitsbereich er sich der Herausforderung stellen möchte. Zudem könnte man wegen des ersten Satzes nach der Aufzählung auf die Idee kommen, dass die Firma Herrn Michaelis schlichtweg loswerden will. »Leider hat mir mein momentaner Arbeitgeber keine interessanten Aufgaben mehr zu bieten« kann zwar bedeuten, dass der Bewerber sich unterfordert fühlt – ein professioneller Leser könnte daraus aber auch den Schluss ziehen, dass man den Bewerber kaltgestellt hat, weil man ihm keine vernünftigen Leistungen mehr zutraut.

Herr Michaelis legt aber noch nach: Er fordert den Personalverantwortlichen auf, sich die Informationen zu seinem beruflichen Profil doch (gefälligst) selbst aus dem Lebenslauf und den Arbeitszeugnissen herauszusuchen. Dies versteht kein Personalprofi als Angebot, sondern bestätigt nur noch einmal, dass Herr Michaelis die Aufbereitung von Informationen verweigert.

Die abschließende Drückerformel »Laden Sie mich ein, damit wir uns besser kennen lernen können!« ist eigentlich nur der Griff nach dem rettenden Strohhalm, denn irgendwie scheint der Bewerber zu spüren, dass sein Anschreiben völlig nichtssagend ist. Aber zu einem weiterführenden Gespräch wird es mit Sicherheit nicht kommen.

Stefan Michaelis, Teichstraße 18, 25421 Pinneberg
Tel. 0 41 01/1 23 22 43, mobil 01 60/1 23 45 67,
E-Mail: s-michaelis@t-online.de

Arbeitsplatz Systeme GmbH & Co. KG
Personalabteilung
Frau Staack
Heidering 17-19
21339 Lüneburg

Pinneberg, 10.08.2012

Initiativbewerbung als Holztechniker in der Produktionssteuerung
Unser Telefonat vom 09.08.2012

Sehr geehrte Frau Staack,

vielen Dank für die Informationen, die Sie mir am Telefon gegeben haben. Hier sind, wie versprochen, nähere Informationen zu meinem beruflichen Hintergrund.

Meine Berufserfahrung in der Möbelproduktion umfasst sowohl die Produktionsplanung und -steuerung als auch die Möbelkonstruktion, die Raumplanung und die Arbeitsvorbereitung.

Im letzten Monat habe ich meine berufsbegleitende Weiterbildung zum technischen Betriebswirt abgeschlossen. Mein Ziel war es, die kaufmännischen Aspekte meiner bisherigen Arbeit als Holztechniker zu vertiefen. Im Rahmen dieser Weiterbildung habe ich für meinen jetzigen Arbeitgeber Wirtschaftlichkeitsanalysen für geplante Zusatzinvestitionen durchgeführt. Meine berufliche Entwicklung begann ich als Tischler im Innenausbau. Nach einer Weiterbeschäftigung im Lehrbetrieb wechselte ich dann zu einem Anbieter von Labor- und Arbeitsplatzsystemen und übernahm dort die Arbeitsvorbereitung, die Vormontage und die Endmontage beim Kunden.

Zurzeit bin ich in der Produktion eingesetzt. Neben der Produktionsplanung und -steuerung arbeite ich eng mit der Konstruktion zusammen, um die Kundenwünsche so passgenau wie möglich verwirklichen zu können.

Gute CAD-, PPS- und CNC-Kenntnisse bringe ich ebenso mit wie gute MS-Office-Kenntnisse. Ich möchte jetzt stärker als bisher an der Schnittstelle technischer und kaufmännischer Aufgaben tätig sein.

Über eine Einladung zu einem Vorstellungsgespräch würde ich mich sehr freuen.

Mit freundlichen Grüßen
Stefan Michaelis

Anlagen

Wie Sie sehen, lässt sich mit dem gleichen beruflichen Hintergrund durchaus ein viel aussagekräftigeres Initiativanschreiben verfassen – dies setzt natürlich eine bessere Vorarbeit und eine konzentriertere Herangehensweise voraus. Die hat Herr Michaelis in diesem Fall geleistet, denn er punktet diesmal sowohl auf der formalen als auch auf der inhaltlichen Ebene.

Seine Kontaktdaten sind vollständig: Er führt sowohl seine Festnetznummer, seine Handy-Nummer als auch eine E-Mail-Adresse an. Durch diese Angaben beweist er dem professionellen Leser viel eher, dass er gerne für Rückfragen zur Verfügung steht, als durch die bloße Behauptung. Mit einem Anruf in der Telefonzentrale hat er sich der richtigen Rechtsform der angeschriebenen Firma und der korrekten Abteilungsbezeichnung versichert. Auch Erstellungsort und Tagesdatum sind jetzt vorhanden.

Dass der Bewerber zielgerichtet vorgegangen ist und sich im Vorfeld engagiert hat, macht zudem die persönliche Adressierung seines Anschreibens deutlich. Er richtet es direkt an die Personalreferentin, mit der er vor der Erstellung seines Anschreibens ein Telefonat geführt hat. Seine Bewerbung wird deshalb bei der zuständigen Person landen, die zudem durch den Telefonkontakt schon positiv darauf eingestimmt ist.

Die Betreffzeile »Initiativbewerbung als Holztechniker in der Produktionssteuerung« enthält sowohl den angestrebten Arbeitsbereich als auch die formale Qualifikation, mit der sich Herr Michaelis bewirbt. Das vorab geführte Telefonat mit Frau Staack wird in der Bezugzeile mit dem entsprechenden Datum aufgeführt. Die Personalreferentin kann so erkennen, dass der Bewerber nicht ins Blaue hinein geschrieben hat, sondern – nachdem er Informationen erfragt hat – zielgerichtet vorgegangen ist.

Zu Beginn des Anschreibentextes aktiviert Herr Michaelis den persönlichen Kontakt, indem er sich für das informative Telefonat bedankt. Dann geht es gleich in die inhaltliche Darstellung: Er wiederholt wichtige Punkte aus seinem Kurzprofil und stellt schlagwortartig seine beruflichen Qualifikationen heraus. Man kann seinen Ausführungen entnehmen, dass er erfahren ist in der »Produktionsplanung und -steuerung«, der »Möbelkonstruktion«, der »Raumplanung« und der »Arbeitsvorbereitung«.

Im zentralen Absatz seines gut gegliederten Initiativanschreibens thematisiert der Bewerber seine berufliche Entwicklung. Die »berufsbegleitende Weiterbildung zum technischen Betriebswirt« macht seine Lernbereitschaft deutlich. Da er dadurch auch die kaufmännischen Aspekte seiner bisherigen Tätigkeit als Holztechniker beherrscht, hat er sich als flexibler Mitarbeiter vorgestellt, ohne dies mit einer bloßen Worthülse behaupten zu müssen. Seine vorhergehenden beruflichen Stationen werden nur kurz, aber aussagekräftig angerissen.

Es wird deutlich, dass der Bewerber als Tischler begonnen, zunehmend jedoch komplexere Aufgaben übernommen hat, um sich letztendlich mit einer gelungenen Weiterbildung neue berufliche Perspektiven zu eröffnen. Auch hier fallen wichtige Schlagworte wie »Arbeitsvorbereitung«, »Vormontage« und »Endmontage beim Kunden«. Die Leistungsbereitschaft von Herrn Michaelis steht damit für professionelle Leser außer Frage.

Seine enge Zusammenarbeit mit der Konstruktion, die Herr Michaelis in seiner momentanen Aufgabe – in der »Produktionsplanung und -steuerung« – pflegt, zeigt zum einen, dass er wirklich teamfähig ist, aber auch, dass er die Kundenwünsche bei der Arbeit stets im Blick behält. Die Aufzählung von EDV-Programmen, die er beherrscht, rundet sein Profil ab.

Die Lektüre dieses perfekten Initiativanschreibens hat jedem Leser ein greifbares berufliches Profil des Bewerbers vor Augen geführt. Herr Michaelis hat den Nutzen, den er der Firma bringen könnte, gut herausgearbeitet. Er wird seine Chance zu einem persönlichen Auftritt im Vorstellungsgespräch bekommen.

Beispielanschreiben 2

Auch Frau Stadler macht mit diesem gelungenen Initiativanschreiben deutlich, dass sie weiß, auf welche Weise ein neuer Arbeitgeber von ihr profitieren könnte. Es gibt einen persönlichen Ansprechpartner, den Personalreferenten Raab. Frau Stadler hat offenbar auch die richtige Abteilungsbezeichnung herausgefunden: die »Abteilung Personal«. Den Namen des Personalreferenten und die Betreffzeile hat sie hervorgehoben formatiert. Herr Raab kann aus der Betreffzeile »Initiativbewerbung als Vertriebsassistentin« unmittelbar entnehmen, welche berufliche Position Frau Stadler anstrebt.

Jacqueline Stadler
Hafengasse 20
50676 Köln
Tel. 02 21 / 134 56 78
mobil 0178 / 111 22 11

Vertriebs GmbH
Abteilung Personal
Herr Raab
Hohe Straße 68–82
50676 Köln

Köln, 16.07.2012

Initiativbewerbung als Vertriebsassistentin
Unser Kontakt auf der work@office-Messe und unser Telefonat von gestern

Sehr geehrter Herr Raab,

es hat mich gefreut, dass Sie sich auf der work@office Zeit für mich genommen haben. Unser gestriges Telefonat hat mich in dem Wunsch bestärkt, für Ihre Firma im Vertrieb zu arbeiten.

Als kaufmännische Angestellte verfüge ich über umfangreiche Erfahrungen im Vertriebsinnendienst und im Veranstaltungsmanagement. Ich bin momentan Assistentin eines Vertriebsleiters. Zu meinen Aufgaben gehören die Terminorganisation, die Spesenabrechnung und die Budgetüberwachung. Daneben arbeite ich in der Verkaufsförderung mit. Die Bestellung von Werbematerial fällt ebenso in meine Zuständigkeit wie die Auswahl von Messepräsentationssystemen.

Im Veranstaltungsmanagement gehörte die Planung und Organisation von Fortbildungsveranstaltungen zu meinen Aufgaben. Dabei habe ich mich stets intensiv mit den Produktmanagern ausgetauscht, um zielgruppengerechte Konzepte zu entwickeln.

Neben den erwähnten Aufgaben habe ich auch einfache Sekretariatstätigkeiten, wie das Back-Office-Management und die Korrespondenz, übernommen. Das MS-Office-Paket beherrsche ich sicher. Im Bereich relationale Datenbanken habe ich mich weitergebildet.

Für ein Vorstellungsgespräch stehe ich Ihnen gerne zur Verfügung.

Mit freundlichen Grüßen
Jacqueline Stadler

Anlagen

Die Vorabkontakte, welche die Bewerberin vor dem Verfassen ihres Anschreibens aufgebaut hat, finden sich in der Bezugzeile. Interessant dabei ist, dass sich Frau Stadler nicht nur auf den Kontakt während der work@office-Messe verlassen, sondern sich noch einmal mit einem Anschlusstelefonat in Erinnerung gebracht hat. Herr Raab weiß damit, dass er eine zielgerichtete Initiativbewerbung in den Händen hält und wird sie wohlwollend prüfen. Dass das Telefonat Frau Stadler in dem Wunsch bestärkt hat, für die Vertriebs GmbH arbeiten zu wollen, wird Herr Raab natürlich gerne lesen. Es wird auf jeden Fall nachvollziehbar, dass die Initiativbewerbung von Frau Stadler kein Schnellschuss aus der Hüfte, sondern eine gut vorbereitete Entscheidung für einen ausgewählten Arbeitgeber ist.

Im eigentlichen Anschreibentext zeigt Frau Stadler ein individuelles berufliches Profil. Die Tätigkeitsbereiche »Vertriebsinnendienst und Veranstaltungsmanagement«, in denen sie Erfahrungen gesammelt hat, werden ganz klar benannt. Doch bleibt die Bewerberin dabei nicht stehen, sondern sie führt ausgewählte Aufgaben an, die sie durch die ständige Anwendung sicher beherrscht: Dazu gehört die »Terminorganisation«, die »Spesenabrechnung«, die »Budgetüberwachung« und die »Verkaufsförderung«.

Bei der Darstellung ihrer Soft Skills arbeitet Frau Stadler nun mit plausiblen Beispielen. Worthülsen oder gar Widersprüche finden sich nicht im Anschreiben. Dass die Bewerberin sich »stets intensiv mit den Produktmanagern ausgetauscht« hat, um »zielgruppengerechte Konzepte zu entwickeln«, belegt ihre Teamfähigkeit und ihr analytisches Geschick sehr deutlich.

Ihr berufliches Profil rundet Frau Stadler damit ab, dass sie auf die von ihr wahrgenommenen Sekretariatstätigkeiten wie das »Back-Office-Management und die Korrespondenz« verweist, denn sie weiß, dass die sichere Beherrschung von Routineaufgaben für Unternehmensvertreter immer ein wichtiger Punkt ist. Aus dem gleichen Grund erwähnt sie den sicheren Umgang mit dem »MS-Office-Paket«, denn dieses Wissen gehört ebenfalls zu den Grundvoraussetzungen der Sekretariatsarbeit. Ein rundum überzeugendes Initiativanschreiben: Solche Mitarbeiterinnen und Mitarbeiter werden überall gesucht. Es wird sicherlich zu einem Vorstellungsgespräch kommen.

Beispielanschreiben 3

Im gesamten Anschreibentext liefert Herr Bolke Einstellungsargumente. So erfährt man, dass er auch momentan »mit der Bearbeitung von Kundenbestellungen, der Organisation von Transporten und der Disposition der Lager in externen Produktionsstätten betraut« ist. Herr Bolke gibt sich mit dieser Wortwahl den richtigen Stallgeruch. Man nimmt ihm sofort ab, dass er mit dem Tagesgeschäft eines Disponenten bestens vertraut ist.

Martin Bolke, Bilberger Straße 43, 82008 Unterhaching
bolke@gmx.de, Tel. 0 89 / 134 56 78, mobil 0178 / 333 22 11

Transport GmbH
Frau Gabriele Olthoff
Arabellastraße 84
81925 München

Unterhaching, 07.09.2012

Initiativbewerbung als Disponent
Unser Telefonat von heute

Sehr geehrte Frau Olthoff,

vielen Dank für die zusätzlichen Informationen, die Sie mir zu den logistischen Arbeitsabläufen gegeben haben.

Hier erste Informationen zu meinem Werdegang: Seit drei Jahren arbeite ich als Logistiksachbearbeiter bei der Logistics GmbH & Co. KG und bin mit der Bearbeitung von Kundenbestellungen, der Organisation von Transporten und der Disposition der Lager in externen Produktionsstätten betraut.

Vorher habe ich bei der Transporte Europa GmbH Transportabläufe koordiniert und die Zentraldisposition organisiert. Begonnen habe ich meinen beruflichen Werdegang mit einer Ausbildung zum Speditionskaufmann.

Ich bringe einsetzbare Kenntnisse in SAP R/3 und MS-Office mit. Auch momentan fakturiere ich täglich in SAP. Darüber hinaus habe ich die Qualifikation eines Gefahrgutbeauftragten erworben.

Mein frühester Eintrittstermin ist der 01.11.2012, ich würde mich und meine Erfahrungen gerne in einem persönlichen Gespräch näher vorstellen.

Mit freundlichen Grüßen
Martin Bolke

Anlagen

Auch seine persönlichen Fähigkeiten, also seine Soft Skills, bringt Herr Bolke geschickt im Text unter: Seine »Lernbereitschaft« entnimmt man dem Satz »Darüber hinaus habe ich die Qualifikation eines Gefahrgutbeauftragten erworben«. Bewerber, die sich in ihrem Arbeitsfeld weiterbilden, sind immer gefragt.

Im vorab geführten Telefonat hat Herr Bolke erfahren, dass die Firma bei den Mitarbeitern viel Wert auf ein ausgeprägtes Organisationstalent legt. Daher führt er weiter aus: »Vorher habe ich bei der Transporte Europa GmbH Transportabläufe koordiniert und die Zentraldisposition organisiert.«

Diese Bewerbung ist eine gelungene erste Selbstdarstellung in Schriftform. Herr Bolke hat ein passgenaues, stärkenorientiertes und glaubwürdiges Anschreiben erarbeitet. Hält der Lebenslauf diese Qualität, ist er einen entscheidenden Schritt weitergekommen.

Beispielanschreiben 4

Frau Fittkau gehört zu den Bewerbern, die nach der Ausbildung und den ersten Berufsjahren nun das erste Mal die Stelle wechseln möchten. Sie hat also nicht so viel Berufserfahrung wie andere Bewerberinnen. Dennoch kann sie ein überzeugendes Bild ihrer Erfahrungen zeichnen.

Sie beginnt im Anschreibentext mit den Themen, die für die angeschriebene Frau Günner am wichtigsten sind, nämlich der »Stuhlassistenz« und der »Prophylaxe«.

Weiter verdeutlicht Frau Fittkau ihre Eigeninitiative und ihre Einsatzbereitschaft mit dem Hinweis auf Fachweiterbildungen. So formuliert sie: »Mit neuen Materialien in der Zahntechnik habe ich mich in zwei Wochenendfortbildungen intensiv vertraut gemacht.« Diese Aussage bringt ihr einen weiteren Pluspunkt ein, denn sie hat im vorab geführten Telefonat erfahren,

Martina Fittkau, Brunnenstraße 188, 10119 Berlin
m.fittkau@t-online.de, mobil 0151 / 111 22 11

Praxisgemeinschaft Dr. Zahn & Dr. Stein
Frau Günner
Salierring 11a
10120 Berlin

Berlin, 18.07.2012

Initiativbewerbung als Zahnarzthelferin

Sehr geehrte Frau Günner,

wie mir meine Bekannte Frau Sabine Lanz mitteilte, suchen Sie ab sofort eine verlässliche Zahnarzthelferin, deswegen möchte ich mich kurz vorstellen.

Zurzeit arbeite ich als Zahnarzthelferin in der Praxis Dr. Schmidt, in der ich auch meine Ausbildung gemacht habe. Dort gehört die Stuhlassistenz ebenfalls zu meinen Hauptaufgaben. Zusätzlich übernehme ich eigenverantwortliche Aufgaben in der Prophylaxe und berate Patienten in der Zahnpflege und Mundhygiene.

Mit neuen Materialien in der Zahntechnik habe ich mich in zwei Wochenendfortbildungen intensiv vertraut gemacht.

Da ich in einer kleineren Praxis arbeite, übernehme ich teilweise auch die Abrechnung nach BEMA und GOZ und kann auch sonst mit dem PC umgehen (Termin- und Rechnungserinnerungen per Word).

Ich würde mich freuen, wenn ich Ihr Team tatkräftig unterstützen dürfte. Gerne stehe ich Ihnen für ein Vorstellungsgespräch zur Verfügung.

Mit freundlichen Grüßen
Martina Fittkau

Anlagen

dass in der Praxis Dr. Zahn & Dr. Stein viel Wert darauf gelegt wird, die Patienten bei der Auswahl von Zahnersatzmaterialien sowohl unter Kosten- als auch unter Qualitätsgesichtspunkten gut zu beraten.

Die praktischen Erfahrungen im Umgang mit spezieller Abrechnungssoftware und mit der Textverarbeitung Word stehen zwar nicht im Mittelpunkt der neuen Stelle. Aber Frau Fittkau kann mit diesem Hinweis dennoch wichtige Zusatzpunkte sammeln. Schließlich kommt es immer vor, dass Kolleginnen krank oder im Urlaub sind. Und in diesem Fall könnte Frau Fittkau in die Lücke springen. Gratulation zu diesem aussagekräftigen Initiativanschreiben!

8. Tipps für Ihren Initiativlebenslauf

Bei Initiativbewerbungen ist der Lebenslauf ein ganz wichtiges Element: Er muss die Informationen aus dem Initiativanschreiben unterstützen, aber zusätzlich noch weitere Einstellungsargumente liefern. Erläutern Sie deshalb Ihre berufliche Entwicklung, und stellen Sie heraus, welche Kenntnisse und Erfahrungen Sie erworben haben. Ganz wichtig für Initiativbewerbungen ist, dass Personalverantwortliche erkennen, dass Sie sich nicht aus einer Laune heraus bewerben, sondern dass es gute Gründe für Ihre Wechselabsichten gibt.

Häufig klagen Personalprofis, dass zu viele Bewerberinnen und Bewerber ihre Lebensläufe an den Anforderungen der Firmen vorbei schreiben, denn es geht nicht an, möglichst vage zu formulieren, um sich alle Türen offen zu halten. Es werden nur diejenigen Initiativbewerber überzeugen, die ihr spezielles Profil und ihre Kenntnisse auch in ihrem Lebenslauf herausstellen und verdeutlichen können.

Das ist neu:
Der Lebenslauf muss heutzutage passgenau erstellt werden. Eine bloße Auflistung beruflicher Stationen genügt nicht mehr, sondern die speziellen Kenntnisse und Erfahrungen des Bewerbers müssen ebenfalls aufgeführt werden.

Individualität und Passgenauigkeit sind gefragt

Wie Personalverantwortliche, so prüfen auch wir in unserer Beratungspraxis Bewerbungsunterlagen. Die Lebensläufe, die wir zu Gesicht bekommen, sind dabei häufig schlecht zusammengestellt: Da werden beispielsweise Schulabbrüche und Schulwechsel geschildert, aber die Angaben zur Berufstätigkeit muss man mit der Lupe suchen. Anscheinend wissen viele Bewerber nicht, wie man einen Lebenslauf gut aufbaut.

Die wichtigste Regel, die Sie bei der Erstellung von Lebensläufen beachten müssen, lautet: Es gibt keinen »Standardlebenslauf«, den Sie bei jeder Bewerbung einfach beilegen können. Sie werden nur Erfolg haben, wenn Sie das individuelle berufliche Profil, das Sie im Anschreiben schon erkennen ließen, mit Ihrem Lebenslauf unterstützen. Das heißt, Sie müssen zu jeder einzelnen Bewerbung einen leicht veränderten Lebenslauf anfertigen, der Ihre spezifischen beruflichen Stärken, wie Sie bei der jeweiligen Firma gefordert sind, erkennen lässt.

Eng damit zusammen hängt ein anderer verbreiteter Fehler von Bewerbern: das Recyclen alter Lebensläufe. Personalprofis haben oft den Eindruck, dass der Absender immer mal wieder ein paar Zeilen in den Lebenslauf eingefügt hat, um ihn im Laufe der Jahre zu aktualisieren. Stehen im Lebenslauf eines Bewerbers mit jahrelanger Berufserfahrung aber noch die Praktika aus dem Studium, so wirkt dies auf den Leser sehr befremdlich. Problematisch ist dann zudem auch die falsche Gewichtung der verschiedenen Blöcke, womit wir zum nächsten Problemfeld gelangen.

Vielfach sind Lebensläufe zu unübersichtlich gestaltet. Zum Teil liegt dies daran, dass einige Bewerber einfach ihren Lebensweg nacherzählen. Dies ist jedoch aus Sicht der Personalentscheider problematisch, denn ein Lebenslauf muss ein berufliches Profil erkennen lassen. Eine bloße Nacherzählung des Lebens seit der Wiege ist dafür jedoch nicht geeignet. Stattdessen suchen die professionellen Leser Einstellungsargumente und relevante Informationen für eine Tätigkeit im Unternehmen. Diese Informationen müssen jedoch strukturiert werden, damit der Leser sie aufnehmen und verwerten kann. Daher ist eine sinnvolle Blockbildung des Lebenslaufes unerlässlich.

Aber nicht nur die Struktur, auch die Länge ist wichtig. Es ist zwar schön, wenn Bewerber viele Erfahrungen sammeln konnten, aber kein Leser möchte sich aus einem mehrseitigen Wust von Informationen die Dinge herauspicken müssen, die ihn interessieren. Bewerber, die schon im Lebenslauf Wichtiges nicht von Unwichtigem unterscheiden können, setzen sich dem Verdacht aus, dass ihnen dies auch im Berufsalltag nicht gelingt. Achten Sie deshalb darauf, vorwiegend diejenigen Informationen aufzuführen, die für das angeschriebene Unternehmen interessant sind.

Bei der Gewichtung der einzelnen beruflichen Stationen haben Sie einen nicht unbeträchtlichen Gestaltungsspielraum. Haben Sie in den vergangenen Jahren beispielsweise bei mehreren Firmen gearbeitet, sollten Sie die Darstellung der dazugehörigen Arbeitsinhalte unterschiedlich gewichten. Das heißt, Sie könnten die letzten beiden Stellen wesentlich ausführlicher beschreiben als weiter zurückliegende. Trotzdem sollten Sie aber auch Tätigkeiten in weiter zurückliegenden Stellen herausstellen, wenn diese eine große Nähe zum anvisierten Arbeitsbereich haben.

Bezüglich der Darstellung der beruflichen Stationen genügt die bloße Angabe von Arbeitgeber und Berufsbezeichnung schon lange nicht mehr. Schreiben Sie deshalb nicht »05/2005 bis 07/2008, Fa. Schmidt, Bürokauffrau«. Sie dürften aus eigener Erfahrung wissen, wie stark heutige Arbeitsfelder spezialisiert sind. Hinter ein und derselben Berufsbezeichnung können sich ganz unterschiedliche berufliche Aufgaben verbergen. Gehen Sie deshalb auf die ausgeübten Tätigkeiten detaillierter ein. Im vorliegenden Beispiel wäre daher diese Version besser: »05/2005 bis 07/2008, Schmidt GmbH & Co. KG, Abteilung Verkauf, Vertriebsassistentin, Tätigkeiten: Unterstützung des Außendienstes, Terminvereinbarung, Erstellung von Präsentationsmaterial«. Sie sehen, auch im Lebenslauf legen Personalverantwortliche viel Wert auf korrekte Angaben, wozu auch der volle Firmenname mit der richtigen Rechtsform gehört.

Nicht zuletzt ist die Überprüfung von Lebensläufen auch eine Rechenaufgabe. Man möchte herausfinden, ob der Bewerber etwas verschweigen will. Lücken im Lebenslauf sind daher immer problematisch. Führen Sie deshalb in einer Zeitleiste lückenlos Ihre Verweildauer in den einzelnen Stationen auf. Achten Sie auch darauf, dass Sie nicht nur Jahreszahlen, sondern auch die Monate angeben, sonst fangen die Leser an zu rechnen – und zu spekulieren. Geben Sie den Personalprofis keinen Anlass zum Grübeln, und füllen Sie eventuell vorhandene Lücken mit sinnvollen Tätigkeiten.

Erstellen Sie einen aussagekräftigen Lebenslauf

Versuchen Sie, Ihren Lebenslauf gut zu strukturieren, damit er auf den professionellen Leser übersichtlich und vor allem prüfungsfreundlich wirkt. Wir empfehlen Ihnen, den Lebenslauf in Blöcke zu untergliedern. Diese Blöcke können durchaus variiert werden, denn schließlich sind auch die Werdegänge verschieden. Einige Bewerber haben nach einer Ausbildung studiert, andere haben ein Studium an einer Universität abgebrochen, um ihr Diplom an der Fachhochschule zu erwerben, und so weiter. Der Lebenslauf ist deshalb je nach individuellem Werdegang anzupassen. Bewährt haben sich folgende Blöcke:

- → **Persönliche Daten**
- → **Berufstätigkeit**
- → **Ausbildung/Studium**
- → **Schule**
- → **eventuell Wehrdienst, Zivildienst, soziales Jahr, Au-pair**
- → **Weiterbildung**
- → **Zusatzqualifikationen**

Persönliche Daten: In den persönlichen Daten führen Sie Ihren Namen, Ihren Geburtstag und -ort sowie Ihren Familienstand auf. Haben Sie Kinder, erwähnen sie diese mit Altersangabe. Ihre vollständige Adresse mit Telefonnummer und E-Mail-Adresse können Sie ebenfalls im Block Persönliche Daten vermerken, oder Sie können sie oberhalb dieses Blocks als eine separate Kopfzeile einfügen.

Berufstätigkeit: Der Block Berufstätigkeit steht natürlich im Zentrum eines jeden Lebenslaufes. Wir empfehlen Ihnen, die beruflichen Stationen immer nach dem folgenden Schema anzugeben: Firma (inklusive richtiger Rechtsform), konkreter Bereich oder Abteilung, Tätigkeitsbezeichnung (wie im Arbeitszeugnis erwähnt), ausgewählte Aufgaben. Sie könnten beispielsweise schreiben: »Müller GmbH, Serviceabteilung, Sachbearbeiter, Tätigkeiten: Kundenberatung, Reklamationsbearbeitung, Fehlerbehebung«. Wie wir Ihnen schon bei der Erstellung des Anschreibens gezeigt haben, sorgt diese Form der Beschreibung beruflicher Stationen in Schlagworten für mehr Aussagekraft. Beschränken Sie sich zudem nicht nur auf Ihre Tätigkeiten im Tagesgeschäft. Wenn Sie besondere Aufgaben, Projekte oder Vertretungen übernommen haben, sollten Sie diese ebenfalls aufnehmen, zum Beispiel: »Mitarbeit in der Projektgruppe Serviceverbesserung«.

Das sollten Sie sich merken:
Achten Sie darauf, dass Sie die angestrebte Position im Blick haben. Stellen Sie diejenigen Erfahrungen besonders heraus, die eine Nähe zu den dort verlangten Kenntnissen haben.

Ausbildung/Studium: Diesen Block gewichten Sie je nach Dauer Ihrer Berufstätigkeit. Wenn Sie bereits über viele Jahre Berufserfahrung verfügen, können Sie die Angaben in diesem Block knapp halten. Geben Sie entweder Ausbildungsfirma, Ausbildungsgang und Abschluss an oder die Hochschule, den Studiengang und den erworbenen Studienabschluss. Als Berufseinsteiger oder Young Professional sollten Sie Ihre Ausbildungs- und Studienschwerpunkte dagegen ausführlicher gestalten.

Schule: Als Stellensuchender mit langjähriger Berufserfahrung können Sie diesen Block mit den Ausführungen zu Ausbildung oder Studium zusammenfügen. Dann nennen Sie nur den letzten erworbenen Schulabschluss. Ihre Grundschulzeit interessiert Personalverantwortliche nun wirklich nicht mehr.

Wehrdienst, Zivildienst, soziales Jahr, Au-pair: Auch Wehr- oder Zivildienst, ein soziales Jahr oder eine Tätigkeit als Au-pair sollten Sie im Lebenslauf aufführen, damit Personalverantwortliche keine Lücken entdecken. Gegebenenfalls kann dieser Block aber auch entfallen.

Weiterbildung: Mit diesem Block können Sie Punkte sammeln: Personalverantwortliche sind immer auf der Suche nach Mitarbeitern, die fachlich am Ball bleiben. Aber auch Seminare und Trainings im Soft-Skill-Bereich werden gerne gesehen. Geben Sie auch Ihre Weiterbildungsmaßnahmen mit einer Zeitangabe an, damit die Leser sehen können, dass Ihr Wissen auch aktuell ist.

Zusatzqualifikationen: Hier führen Sie hauptsächlich Ihre Sprach- und EDV-Kenntnisse auf, die Sie auch selbst bewerten müssen. Bei Sprachen unterscheidet man die Stufen »Grundkenntnisse«, »gut«, »sehr gut« und als höchste Stufe »verhandlungssicher«. Gleiches gilt auch für Computerprogramme, bei denen allerdings die höchste Stufe mit dem Vermerk »ständig in Anwendung« angegeben wird.

Zusätzlich zu den genannten Blöcken können Sie in einem Block »Sonstiges« auch Ihr ehrenamtliches Engagement und Ihre (berufsbezogenen) Vereinsmitgliedschaften und Hobbys aufführen. Hier sollten Sie jedoch aufpassen: Viele Bewerber glauben, die Angabe vieler Hobbys bedeute viele Interessen. Leider schließen Personalverantwortliche daraus eher, dass die vielen Freizeitaktivitäten die Berufstätigkeit negativ beeinflussen. Achten Sie deshalb auch darauf, keine Risiko-, Extrem- und Leistungssportarten anzugeben.

An unserem Beispiellebenslauf zeigen wir Ihnen als Negativbeispiel eine misslungene und im Anschluss daran die verbesserte und korrigierte Version. Beide Versionen kommentieren wir für Sie, damit Sie nicht die typischen Fehler machen und die von uns genannten Tipps auch in eine überzeugende Version umsetzen können.

Beispiele für einen Initiativlebenslauf

Bei diesem Lebenslauf von Yvonne Breiholz werden Personalverantwortliche wohl die Geduld verlieren, denn der Lebenslauf ist sehr prüfungsunfreundlich und zudem wenig aussagekräftig. Zu den Fehlern im Einzelnen:

Frau Breiholz hat zwar ihren Vor- und Zunamen in der linken oberen Ecke angegeben, verzichtet aber darauf, sämtliche Kontaktdaten noch einmal aufzuführen. Falls aber der Lebenslauf ohne Anschreiben zur Ansicht an eine Fachabteilung ginge, könnte dort niemand Frau Breiholz kontaktieren.

Unter ihrem Namen befindet sich das Foto der Bewerberin. Der Platz links oben ist zwar eher ungewöhnlich, aber natürlich nicht verboten. Der Lebenslauf wirkt durch diese Platzierung auf der linken Seite allerdings sehr gedrängt, während rechts oben ein großer Freiraum bleibt. Das Foto ist zudem sehr ungünstig gewählt, da die Kandidatin lustlos und demotiviert wirkt.

Die weiteren Daten sind nur ansatzweise gegliedert. Nur die Angaben zu »Berufliche Entwicklung« und »div. Weiterbildungen« tauchen als Blöcke mit Überschriften auf. Aus dem Block »Berufliche Entwicklung« die Berufserfahrung herauszulesen, fällt allerdings eher schwer. Zudem hält sich Frau Breiholz viel zu lange mit der Auflistung der von ihr besuchten Schulen auf: Die Darstellung ihrer Schulzeit nimmt mehr Platz in Anspruch als die ihrer beruflichen Tätigkeiten. Eine ungeschickte Gewichtung, da sich Frau Breiholz schließlich nicht als Auszubildende, sondern als Stellenwechslerin mit jahrelanger Berufserfahrung bewirbt.

Die Angabe der Verweildauer in den einzelnen Stationen mit Jahreszahlen lädt förmlich zu Spekulationen ein. Man weiß beispielsweise nicht, ob sie ihre Tätigkeit bei der Onlinebank AG bereits im Januar 2006 beendete und erst im Dezember 2007, also fast zwei volle Jahre später, bei der Marketing Solutions wieder beruflich Fuß gefasst hat.

Der aktuelle Arbeitgeber wird von Frau Breiholz als »fa. Marketing Solutions« bezeichnet. Schon bei der Commerzbank hat die Bewerberin die Rechtsform »AG« vergessen. Sie scheint nicht zu einer sorgfältigen Arbeitsweise zu neigen. Auch dass sie die Jahreszahlen manchmal mit dem Wort »bis« und manchmal mit einem Gedankenstrich verbindet, erhärtet diese negative Einschätzung.

Yvonne Breiholz

LEBENSLAUF

Geburtsort:	Frankfurt
Geburtsdatum:	05.03.1981
Familienstand:	verheiratet

Berufliche Entwicklung

Grundschule Frankfurt West:	1987 – 1991
Gesamtschule Frankfurt :	1991 bis 1993
Realschule Frankfurt:	1993 – 1997
Fachoberschule:	1997 bis 1999
Au-pair:	1999 bis 2000
Aufnahme einer Ausbildung im Jahre 1996	
Abbruch der Ausbildung:	2000
Wiederaufnahme der Ausbildung im Jahre 1999	
Ausbildungsabschluss Bankkaufrau im Jahre 2001	
Commerzbank, Arbeit als Bankkaufrau:	2003-2004
Onlinebank AG, Kaufmännische Angestellte:	2004 bis 2006
fa. Marketing Solutions, Referentin im Kundenbereich:	2007 bis 08/2012

div. Weiterbildungen

Französisch- und Englischkenntnisse
Umfassende Computerkenntnisse

Hobbys: Aquarellmalerei, gute Literatur, Ayurveda, Konzertbesuche (E-Musik), Museen und Vernissagen

Sehr ungeschickt geht Frau Breiholz auch bei der Darstellung ihrer Ausbildungszeit vor. Bei Personalverantwortlichen werden sofort alle Alarmglocken läuten, wenn sie im Lebenslauf das Wort »Abbruch« lesen – ein Warnsignal, sich nicht näher auf diese Initiativbewerbung einzulassen. Dass es sich bei dem erwähnten Abbruch wohl eher um eine Unterbrechung der Ausbildung – zum Beispiel wegen der Geburt eines Kindes, Krankheit oder Ähnlichem – gehandelt hat, kann man nur aus der ein Jahr später folgenden Wiederaufnahme der Ausbildung erraten. Eine Angabe der Gesamtausbildungszeit wäre hier der bessere Weg gewesen.

Der Hauptfehler bei diesem Initiativlebenslauf ist jedoch das völlige Fehlen von Tätigkeitsangaben. Welche Aufgaben Frau Breiholz bei ihren einzelnen Arbeitgebern übernommen hat, wird an keiner Stelle deutlich.

Die Angabe »div. Weiterbildungen« ist so nichtssagend wie die bisherigen Angaben. Hier hätte sie die einzelnen Seminare aufführen müssen. Erstaunlich ausführlich stellt Frau Breiholz dagegen ihre Hobbys dar. Leider bringt sie die ausgiebigen Erläuterungen an der falschen Stelle: Die Bewerberin scheint sich mehr für ihre Hobbys zu interessieren als für ihre beruflichen Aufgaben. Mit diesem Initiativlebenslauf wird sich die Bewerberin eine Absage einhandeln.

Der überarbeitete Lebenslauf zeigt, dass sich der gleiche Lebensweg auch besser darstellen lässt. Schon auf den ersten Blick ist die gute Strukturierung des Lebenslaufes zu erkennen, mittels derer ein Leser gezielt nach Informationen suchen kann. Dabei wird ihm schon zu Beginn die bisherige Berufstätigkeit vorgestellt, denn Frau Breiholz hat sich diesmal für einen rückwärts-chronologischen Aufbau entschieden. Das heißt, dass im Block »Berufstätigkeit« die aktuellste Station oben steht und die am weitesten zurückliegende unten. Dies hat den Vorteil, dass die momentane Stelle, die üblicherweise das größte Gewicht bei einer Bewerbung hat, ganz nach oben rückt.

Yvonne Breiholz
Mallausstraße 88
68219 Mannheim
Tel. 06 21/1 23 34 56
E-Mail: yvonne.breiholz@online.de

LEBENSLAUF

Persönliche Daten
geboren am 05.03.1981 in Frankfurt/Main
verheiratet

Berufstätigkeit

01/2007 bis heute	Marketing Solutions GmbH, Mannheim, Bereich Customer-Services, Marketingreferentin: Projektleitung, Entwicklung von Marketingstrategien, Kundenanalysen, Zielgruppendefinition, Benchmarking, Erarbeitung von Produktpräsentationen, Erstellung von Werbekonzepten, Ergebnispräsentation beim Kunden
03/2004 bis 12/2006	Onlinebank AG, Mannheim, Abteilung Marketing und Kundenservice, Kaufmännische Angestellte: Direktmarketing, Öffentlichkeitsarbeit, Kundenbetreuung, Projekt: Reorganisation interner Abläufe
07/2003 bis 02/2004	Commerzbank Frankfurt, Kreditabteilung, Bankkauffrau: Firmenkundenbetreuung, Kreditsachbearbeitung

→ FORTSETZUNG AUF DER NÄCHSTEN SEITE

Ausbildung

16.07.2003	Bankkauffrau
08/2000 bis 07/2003	Sparkasse Frankfurt, Ausbildung zur Bankkauffrau

Schule und Au-Pair

07/1999 bis 06/2000	Au-pair in Paris, Frankreich
15.06.1999	Fachhochschulreife an den beruflichen Schulen Frankfurt, Fachrichtung Wirtschaft

Weiterbildung

05/2011	Marketingakademie Frankfurt, Channel Marketing
10/2008	Marketingakademie Frankfurt, Optimierung von Vertriebskanälen
02/2007	KARRIEREAKADEMIE, Kiel, Souverän präsentieren

Zusatzqualifikationen

Sprachen	Englisch (sehr gut) Französisch (verhandlungssicher)
EDV	MS-Office (ständig in Anwendung) SPSS (sehr gut) MS-Project (gut)

Mannheim, 04.08.2012

Yvonne Breiholz

Ihre Kontaktdaten hat Frau Breiholz nun vollständig aufgeführt, und das Foto ist an eine bessere Position gerückt. Um mehr Platz für eine gute inhaltliche Darstellung ihrer bisherigen Berufspraxis zu schaffen, hat die Bewerberin ihre persönlichen Daten in zwei Zeilen zusammengefasst.

Ihre momentane Tätigkeit bei der Marketing Solutions GmbH beschreibt Frau Breiholz mit aussagekräftigen Schlagworten. Sie überlässt es nicht dem Personalverantwortlichen zu erraten, womit sie als Marketingreferentin beschäftigt ist. Es fallen die wichtigen Schlüsselbegriffe »Projektleitung«, »Kundenanalysen«, »Zielgruppendefinition«, »Benchmarking«, »Produktpräsentationen«, »Werbekonzepte« und »Ergebnispräsentation«. So wird ein konkretes berufliches Profil deutlich. Der Personalprofi kann sich schnell über mögliche Einsatzfelder in seinem Unternehmen klar werden.

Auch der Umfang, den Frau Breiholz der Darstellung der einzelnen Stationen widmet, ist klug gewählt. Ihre aktuelle Stelle mit den umfangreichsten und verantwortungsvollsten Aufgaben ist am ausführlichsten beschrieben, die Einstiegsposition dagegen knapper. Bei ihrer Ausbildung gibt die Bewerberin diesmal die Gesamtdauer an und führt auch die Abschlussprüfung mit Tagesdatum auf. So kann man ersehen, dass die durchlaufene Ausbildung auch erfolgreich abgeschlossen wurde.

Im Block »Weiterbildung« hat sich Frau Breiholz auf die aktuellsten Seminare beschränkt. Es wird deutlich, dass sie nicht stehen geblieben ist, sondern immer wieder ihr Wissen auffrischt: »Channel Marketing«, »Optimierung von Vertriebskanälen« und »Souverän präsentieren« sind wichtige Kenntnisse in ihrem Arbeitsgebiet. Es spricht für Frau Breiholz, dass sie sich aktiv um diese Seminare gekümmert hat, denn Mitarbeiterinnen und Mitarbeiter mit Eigeninitiative sind stets gefragt. Aussagekräftige Zusatzqualifikationen ergänzen den Lebenslauf:

Ihre Sprach- und EDV-Kenntnisse hat Frau Breiholz konkret benannt und mit einer Bewertung versehen.

Sämtliche Zeitangaben hat die Bewerberin in Monat und Jahr gemacht. Sie zeigt dadurch, dass keine Fehlzeiten versteckt werden sollen. Insgesamt ein sehr guter Initiativlebenslauf, der einem Personalverantwortlichen als echte Entscheidungsvorlage dienen kann. Auf diese Bewerberin wird man neugierig sein.

9. Geben Sie ein gutes Bild ab – Ihr Bewerbungsfoto

Mit Ihrem Bewerbungsfoto liefern Sie in der Regel den ersten persönlichen Eindruck von sich. Da sich auch Personalverantwortliche nicht der Macht des ersten Eindrucks entziehen können, ist es möglich, mit einem guten Foto schon die ersten Sympathiepunkte zu sammeln. Es lohnt sich deshalb, auch beim Anfertigen des Bewerbungsfotos sehr sorgfältig vorzugehen.

Nicht dass Sie uns missverstehen: Niemand wird Sie einstellen, weil Sie auf dem Foto so überzeugend lächeln! Aber wenn das Foto misslungen ist, bekommen Sie womöglich gar keine Chance, sich in einem Vorstellungsgespräch zu präsentieren.

Seit dem Jahr 2006 gilt in Deutschland das Allgemeine Gleichbehandlungsgesetz (AGG), seitdem gehen viele Firmen davon aus, dass sie von Bewerbern keine Fotos mehr verlangen dürfen. Es ist Bewerbern aber weiterhin durchaus erlaubt, Bewerbungsunterlagen freiwillig ein Foto beizulegen – und das sollten Sie auch unbedingt tun. Schließlich beantworten Sie mit dem Foto die Frage: »Wollen wir sie oder ihn hier jeden Tag in der Firma sehen?«

Was müssen Sie im Einzelnen beachten? Billige Automatenfotos sind generell tabu! Zeigen Sie, dass Ihnen Ihr berufliches Fortkommen etwas wert ist, und lassen Sie Ihr Foto von einem guten Fotostudio anfertigen. Außerdem ist ein Bewerbungsfoto kein Passfoto. Es bildet nicht nur den Kopf, sondern auch Teile der Schultern mit ab und ist vom Format her etwas größer als ein Passfoto. Verlangen Sie deshalb im Fotostudio ausdrücklich nach einem Porträtfoto. Fragen Sie nach einem hellen Hintergrund, und lassen Sie sich professionell ausleuchten. Wählen Sie auf jeden Fall ein Foto in Farbe, damit der Betrachter einen natürlichen und realistischen Eindruck von Ihnen bekommt.

Achten Sie auf ein Outfit, das auf die Position abgestimmt ist, auf die Sie sich bewerben. Dies heißt jedoch nicht, dass Sie sich in der Kleidung präsentieren, in der Sie später arbeiten wollen. Wählen Sie stattdessen die Kleidung, in der Sie die Firma nach außen hin vertreten würden, beispielsweise im Kundenkontakt oder auf Messen. Im Zweifelsfall sind Sie mit einer eher konservativen Kleidung auf der sicheren Seite. Männer greifen also zu Jackett, Hemd und Krawatte, Frauen zu Blazer und Bluse, alles in gedeckten Farben. Abgerundet wird dieses Business-Outfit bei Frauen durch dezenten Schmuck und ebenso dezentes Make-up.

Ihr Foto sollte stets aktuell sein. Aber trotzdem sollte sich die Vorgeschichte Ihrer Bewerbung – beispielsweise eine Kündigung, Ärger im Unternehmen oder sonstige Krisen – nicht in Ihrem Gesicht abzeichnen. Sieht der Betrachter in ein mürrisches, verkniffenes, gestresstes oder leidendes Gesicht, so wird es ihm schwerfallen, sich diese Person als neuen Mitarbeiter vorzustellen. Ein leichtes Lächeln mit offenem Blick in die Kamera macht sich da schon besser.

Damit Sie sich unsere Ausführungen auch bildlich vorstellen können, zeigen wir Ihnen jetzt ein misslungenes und ein gelungenes Bewerbungsfoto und erklären Ihnen, warum das eine den Anforderungen an ein gutes Bewerbungsfoto nicht entspricht, während das andere überzeugt.

Beispiele

Warum der Bewerber dieses total misslungene Bewerbungsfoto für die Bewerbung auf eine Stelle als Außendienstmitarbeiter ausgewählt hat, wird wohl sein Geheimnis bleiben. Wollte er vielleicht seine Restbestände an privaten Automatenfotos unter die Leute bringen?

Natürlich wird der Bewerber in seiner neuen Stelle auch Kundenkontakt haben. Es dürfte nicht im Interesse des Unternehmens sein, wenn er sich dann so präsentiert wie auf diesem Bild.

Auch der Gesichtsausdruck lässt nichts Gutes erwarten. Die Frage, ob dieser Bewerber für die ausgeschriebene Stelle überhaupt ausreichend motiviert ist, taucht zwangsläufig auf. Die für einen Job im Außendienst unverzichtbare Überzeugungsfähigkeit und Dynamik transportiert das Bild jedenfalls nicht.

Der kraftlose Eindruck wird durch den Fotohintergrund verstärkt: Er ist viel zu dunkel. Nur auf dem schütteren Haupthaar des Bewerbers leuchtet ein starker Lichtreflex. Dieser Heiligenschein hilft hier aber auch nicht weiter. Im Gegenteil, das ganze Foto vermittelt eine sehr dunkle, depressive Stimmung, die keine Lust macht, den Bewerber zu einem Vorstellungsgespräch einzuladen.

Mit diesem Bewerbungsfoto stellt sich der Kandidat dem neuen Arbeitgeber schon ganz anders vor. Schon mit einem ersten flüchtigen Blick auf das Foto ist der Betrachter davon überzeugt, eine sympathische Person vor Augen zu haben. Und dies ist ganz besonders wichtig, da er sich schließlich für eine Position mit intensivem Kundenkontakt bewirbt.

Man sieht außerdem sofort, dass der Bewerber diesmal kein Automatenfoto, sondern ein Foto eines professionellen Fotostudios mitschickt. Der Hintergrund ist hell gehalten. Auch die Ausleuchtung ist gelungen und bringt mit der Aufhellung rechts oben Lebendigkeit ins Bild. Von der mutlosen Stimmung auf dem misslungenen Foto ist nichts mehr zu spüren. Jetzt transportiert der Gesichtsausdruck des Kandidaten nicht mehr Krisen und Probleme, sondern Sympathie und Dynamik. Lächelnd und mit offenem Blick signalisiert der Bewerber, dass er sich auf die neue Stelle freut.

Mit Jackett, Hemd und Krawatte hat der Bewerber zudem die richtige Kleidung gewählt. Auch dies ist eine wichtige Voraussetzung für den Kundenkontakt. Man könnte ihn gleich so, wie er sich hier präsentiert, am Arbeitsplatz einsetzen. Dem Bewerber ist es mit diesem Foto gelungen, Sympathie beim Betrachter zu erwecken. Nicht nur seine Kunden, auch die zukünftigen Kollegen werden nichts dagegen haben, wenn dieser Kandidat ins Team geholt wird.

Das sollten Sie sich merken:
Auch Ihr Foto sollten Sie im Hinblick auf Ihr angestrebtes Berufsfeld erstellen: Je nach den Anforderungen der Position sollten Sie auf dem Foto dynamisch, zupackend, souverän, verlässlich oder zielstrebig wirken.

Achten Sie darauf, dass Sie mit Ihren Bewerbungsfotos einen positiven ersten Eindruck vermitteln. Scheuen Sie deshalb nicht die Kosten eines professionellen Fotostudios, und sammeln Sie mit Ihrem Foto die wichtigen ersten Sympathiepunkte.

10. Leistungsbilanz statt dritter Seite

Die von uns entwickelte Leistungsbilanz als Extraseite greift den Trend zur immer individuelleren und passgenaueren Bewerbung auf. Sie unterscheidet sich von herkömmlichen dritten Seiten dadurch, dass sie vorrangig die Berufspraxis thematisiert und damit das individuelle Profil eines Bewerbers unterstützt.

Viele Bewerberinnen und Bewerber fragen uns, ob es nicht eine Möglichkeit gibt, in der Bewerbungsmappe über das Anschreiben und den Lebenslauf hinaus noch etwas über sich mitzuteilen. Hierbei denken sie an eine Art dritte Seite, wie sie im angloamerikanischen Raum üblich ist; dort wird dem Lebenslauf noch eine stichwortartige Selbstbeschreibung hinzugefügt.

Prinzipiell gibt es im deutschsprachigen Raum keine Normen, die festlegen, wie eine Bewerbungsmappe auszusehen hätte. Personalverantwortliche akzeptieren durchaus unterschiedliche Varianten, aber sie verlangen, dass jeder einzelne Baustein der Mappe inhaltlich etwas zur Einstellungsentscheidung beitragen sollte.

Aus diesem Grund sehen Personalverantwortliche die hierzulande propagierte Form der dritten Seite auch eher kritisch. Denn zumeist – wir können dies aus unserer Beratungspraxis nur bestätigen – findet man auf diesen Zusatzseiten eine Auflistung von Persönlichkeitsmerkmalen oder Zitaten, welche die Lebensphilosophie des Bewerbers ausdrücken sollen. Aber Seiten ohne echten Informationsnutzen wirken störend. Es ist keine große Hilfe für Personalentscheider, wenn Bewerber ihren Unterlagen eine Seite mit allgemeinen Statements zu ihrer Persönlichkeit beilegen, denn so wird keine individuelle Überzeugungsarbeit geleistet.

Sinnvoll kann eine weitere Seite dann sein, wenn sie einen zusätzlichen Informationswert hat und mehr Einstellungsargumente liefert, beispielsweise wenn ein Bewerber so viele Projekte und Sonderaufgaben bewältigt hat, dass ihre Auflistung den Lebenslauf sprengen würde, oder wenn ein Bewerber in verschiedenen Berufen tätig war und nun die Gemeinsamkeiten der einzelnen Tätigkeiten herausstellen will. Dies ist im Lebenslauf manchmal aber nur auf Kosten der Übersichtlichkeit möglich. Damit diese wichtigen Einstellungsargumente dem Personalprofi sofort auffallen, bietet es sich an, eine zusätzliche Seite in die Mappe einzufügen. Wir nennen diese dritte Seite, die wir aus unserer Beratungspraxis heraus entwickelt haben, »Leistungsbilanz«.

Ihre Leistungsbilanz überzeugt jedoch nur dann, wenn Sie konkret werden: Gehen Sie auf die Inhalte Ihrer bisherigen Berufstätigkeit ein. Führen Sie spezielle Projekterfahrungen auf, zeigen Sie Ihr Engagement in Sonderaufgaben, und stellen Sie Qualitätsverbesserungen oder Umsatz- und Gewinnsteigerungen heraus. Vielleicht haben Sie auch Erfolge in anderen Verantwortungsbereichen, vielleicht in Führung und Ausbildung. Auch wiederholte Auslandseinsätze lassen sich gut in der Leistungsbilanz zusammenfassen. Wie sich dies im Detail umsetzen lässt, werden wir Ihnen anhand einer Gegenüberstellung von einer misslungenen dritten Seite und einer gelungenen Leistungsbilanz zeigen.

Aber Achtung: Wenn Sie Ihrer Bewerbungsmappe eine Leistungsbilanz hinzufügen, dürfen Sie auf keinen Fall bei der Ausformulierung des Anschreibens und des Lebenslaufes nachlassen, denn sonst wird der Leser Ihre Bewerbung aus der Hand legen, bevor er die Leistungsbilanz gelesen hat.

Beispiele

Peter Karstens, Münchner Ring 28, 90481 Nürnberg

Was Sie über mich wissen sollten!

Warum ich mich bewerbe: Ich suche die interessante neue Herausforderung in einem Unternehmen, das global aufgestellt ist und mir die Entwicklungsmöglichkeiten bietet, in denen ich meine Persönlichkeit in Gänze entfalten kann. Mit meiner Bewerbung möchte ich mir neue Horizonte eröffnen, um zielgerichtet meine Entwicklung voranzutreiben.

Zu meiner Person: Ich bin teamorientiert, flexibel, motiviert, engagiert und leistungsstark. Für mich ist das menschliche Miteinander ein wichtiger Faktor im betrieblichen Alltag. Daher bekenne ich mich ausdrücklich zur Wichtigkeit der sozialen Kompetenz.

Warum ich? Besonders meine Fähigkeiten im Umgang mit anderen Menschen sprechen für mich. Mit diplomatischem Geschick, aber Konsequenz in der Sache konnte ich stets wertvolle Beiträge für meine Arbeitgeber leisten.

Nürnberg, im Sommer 2012

Diese dritte Seite bringt die Initiativbewerbung von Herrn Karstens nicht voran, denn der Informationswert, den diese Zusatzseite bietet, ist gleich null. Dadurch hat Herr Karstens – statt positiv auf sich aufmerksam zu machen – hier nur Zweifel an seiner Eignung gesät. Denn schon die Überschrift »Was Sie über mich wissen sollten!« ist im Zusammenhang mit dem danach folgenden Text gefährlich: Wenn das, was der Bewerber hier abliefert, wirklich das ist, was man über ihn wissen sollte, kann man seine Initiativbewerbung getrost vergessen.

Sehr unangenehm fällt auf, dass sich der Bewerber keinerlei Mühe gibt, seine Eignung für ein bestimmtes Berufsfeld herauszustellen. Diese dritte Seite ist so allgemein gehalten, dass sie jeder Initiativbewerbung beiliegen könnte, ganz gleich, auf welche Stelle sich der Absender bewirbt. Damit erweist sich Herr Karstens einen Bärendienst: Ein Personalverantwortlicher hat gar keine andere Wahl als festzustellen, dass es sich hier um keine zielgerichtete Bewerbung handelt. Für eine Initiativbewerbung ist dies das Aus.

Auch der Text, den der Bewerber bemüht, ist an keiner Stelle glaubwürdig. Man vermutet sofort, dass Herr Karstens die meisten Sätze einfach abgeschrieben hat. Neben der fehlenden Passgenauigkeit zeigt er damit auch noch mangelnde Glaubwürdigkeit. Nicht nur, dass er seine fachlichen Kenntnisse überhaupt nicht aufführt, auch seine Soft Skills, die er ins Zentrum dieser dritten Seite stellt, sind ohne Belege schlicht behauptet und daher nicht glaubwürdig. Die Aufzählung »Ich bin teamorientiert, flexibel, motiviert, engagiert und leistungsstark« hat deshalb keinerlei Aussagekraft. Es fehlen die Beispiele aus dem Arbeitsalltag, aus denen man das Soft-Skill-Potenzial von Herrn Karstens hätte herauslesen können.

Am Ende wird noch einmal die Beliebigkeit dieser dritten Seite deutlich: Die Angabe »Nürnberg, im Sommer 2012« zeigt dem Leser ein weiteres Mal, dass hier ein Bewerber versucht, standardisierte Bewerbungsrundschreiben in alle Richtungen zu verteilen. Die unspezifische Phrasendrescherei, die Herr Karstens mit dieser dritten Seite begeht, wird jeden Personalverantwortlichen abschrecken – und auf ein persönliches Kennenlernen dankend verzichten lassen.

Peter Karstens, Münchner Ring 28, 90481 Nürnberg
Tel. 09 11 / 332 32 44, mobil 0178 / 245 89 76

LEISTUNGSBILANZ

Branchenerfahrung
- Banken und Versicherungen
- Automotive

Tätigkeitsbereiche
- Marketing und Vertrieb

Arbeitsschwerpunkte
- Entwicklung von Marketingstrategien
- Festlegung von Marktstrategien
- Erweiterung der Vertriebskanäle
- Zielgruppendefinition
- Auswertung von Response-Nachweisen
- Erarbeitung von Produktpräsentationen

Projekterfahrung
- Abteilungsübergreifende Erkennung von Wachstumspotenzialen
- Umsetzung der Corporate Identity in allen Unternehmensbereichen
- Vertriebscontrolling

Gerade bei Initiativbewerbungen ist es besonders wichtig, den angeschriebenen Personalverantwortlichen eine schnelle Orientierung über das Profil des Bewerbers zu ermöglichen. Herr Karstens hat sich dafür entschieden, seine Erfahrungen komprimiert in Form einer Leistungsbilanz darzustellen. Seine Leistungsbilanz gliedert er in die vier Blöcke »Branchenerfahrung«, »Tätigkeitsbereiche«, »Arbeitsschwerpunkte« und »Projekterfahrung«. Damit greift er genau diejenigen Punkte auf, über die sich der Profi bei einer Initiativbewerbung Gedanken machen: Über welche Branchenerfahrung verfügt der Bewerber? Ist er in unterschiedlichen Tätigkeitsbereichen einsetzbar? Wo liegen seine Schwerpunkte? Und verfügt er zusätzlich über Projekterfahrung?

Damit die wichtigen Informationen schnell erfasst werden können, hat sich Herr Karstens für eine stichwortartige Darstellung entschieden. Dieser Verzicht auf Ausformulierungen kommt Personalern entgegen, denn so müssen sie nicht erst mühsam herausfiltern, was sie interessieren könnte. Gerade bei einer zusätzlichen Seite, die nicht zum üblichen Standard einer Bewerbung gehört, ist es wichtig, auf den Punkt zu kommen, damit diese Seite überhaupt als prüfungswürdig erkannt wird.

Aus den genannten Arbeitsschwerpunkten ist sehr gut zu erkennen, dass sich der Bewerber beruflich an der Schnittstelle von Vertrieb und Marketing engagiert hat. Es wird deutlich, dass er das Tagesgeschäft kennt und die Übertragung von Erkenntnissen aus dem Marketing in den Vertrieb beherrscht. Hier stellt sich ein echter Macher vor, der Abteilungen zusammenschweißen und auf gemeinsame Ziele einschwören kann.

Bei der Darstellung seiner Projekterfahrung gelingt es Herrn Karstens sehr gut, sein Soft-Skill-Potenzial aufblitzen zu lassen: Die »abteilungsübergreifende Erkennung von Wachstumspotenzialen« zeigt seine analytischen Stärken und sein Kommunikationsgeschick auf. Seine »Umsetzung der Corporate Identity in allen Unternehmensbereichen« signalisiert sein Engagement für die Realisierung vorgegebener Unternehmensziele.

Insgesamt wird mit dieser Leistungsbilanz klar und übersichtlich angezeigt, was Herr Karstens alles kann und welchen Nutzen die Firma davon hätte. Wenn sein Anschreiben und sein Lebenslauf die gleiche Qualität wie diese Leistungsbilanz aufweisen, wird ihn die Personalabteilung im angeschriebenen Unternehmen gern persönlich kennen lernen wollen und zu einem Vorstellungsgespräch einladen.

11. Vollständige Unterlagen oder Kurzbewerbung?

Insbesondere bei einer Initiativbewerbung fragen sich viele Bewerberinnen und Bewerber, ob sie eine vollständige Bewerbungsmappe oder lieber eine Kurzbewerbung verschicken sollten. Kurzbewerbungen bestehen nur aus dem Anschreiben und dem Lebenslauf mit Foto. Vollständige Bewerbungsunterlagen enthalten darüber hinaus Kopien von Arbeitszeugnissen, Ausbildungsabschlüssen, Hochschulzeugnissen, Weiterbildungsnachweisen und anderen Zertifikaten.

Die Befürworter von Kurzbewerbungen argumentieren mit dem Kostenfaktor. Natürlich ist der Versand von Kurzbewerbungen billiger als der Versand von vollständigen Bewerbungsunterlagen. Aber dieser Aspekt greift zu kurz: Wenn Initiativbewerber mit ihren Unterlagen den Eindruck billiger Bewerbungsrundschreiben vermitteln, dann werden sie keine Punkte sammeln.

Das sollten Sie sich merken:
Grundsätzlich empfehlen wir Ihnen, nur vollständige Bewerbungsunterlagen zu versenden. Setzen Sie lieber auf Klasse statt auf Masse!

Im Bewerbungsverfahren liegt die bessere Strategie darin, sich bei weniger Firmen, aber gezielter zu bewerben und den Versand der Unterlagen mit persönlicher oder telefonischer Kontaktaufnahme vorzubereiten. Dadurch unterstreichen Sie außerdem, dass Ihnen eine Anstellung bei gerade dieser Firma wirklich am Herzen liegt.

Kurzbewerbungen sind allerdings ein Muss, wenn die Firma dies verlangt. Informieren Sie sich deshalb auf der Homepage oder rufen Sie im Unternehmen an. Halten Sie sich an die Vorgaben, die man Ihnen macht. Haben Sie jedoch die Wahl, sollten Sie sich wegen der größeren Aussagekraft für den Versand passgenauer und vollständiger Unterlagen entscheiden.

Was gehört in die Bewerbungsmappe?

Bei Bewerberinnen und Bewerbern, die über eine mehrjährige Berufserfahrung verfügen, wird sich im Laufe dieser Zeit einiges an Zeugnissen, Bestätigungen, Zertifikaten und Nachweisen angesammelt haben. Beim Zusammenstellen einer aktuellen Bewerbungsmappe ist es deshalb in manchen Fällen gar nicht so einfach zu entscheiden, was im Einzelnen in die Mappe gehört und was nicht.

Personalverantwortliche erleben dieses Dilemma natürlich auf der »anderen Seite«: Sie erhalten häufig Mappen, die den Umfang eines Romans erreichen. Das Volumen einer Bewerbungsmappe ist jedoch kein Hinweis auf besonders aussagekräftige Unterlagen. Eher im Gegenteil: Bei sehr dicken Mappen vermuten Personalverantwortliche gleich, dass sich der Absender nur wenig Mühe gegeben hat, die einzelnen Belege auf ihre Wichtigkeit hin zu überprüfen. Wenn ein Bewerber es scheinbar bevorzugt, den Personalverantwortlichen selbst die relevanten Unterlagen suchen zu lassen, katapultiert er sich damit nur selbst ins Aus.

Das sollten Sie sich merken:
Nicht nur Anschreiben und Lebenslauf, sondern die gesamte Mappe sollte passgenau auf die angestrebte Position hin erstellt sein. Wählen sie deshalb auch Zeugnisse und Belege gezielt aus.

In eine vollständige Bewerbungsmappe gehören auf jeden Fall diese Elemente:

→ **Anschreiben**
→ **Lebenslauf**
→ **Bewerbungsfoto**
→ **Arbeitszeugnisse**
→ **berufsqualifizierender Abschluss**
→ **Schulabgangszeugnis**

Über diese Mindestausstattung hinaus können Sie noch weitere Unterlagen beilegen. Hier müssen Sie im Einzelfall entscheiden, was Sie brauchen:

→ **Fortbildungsnachweise**
→ **Weiterbildungsnachweise**
→ **Bescheinigungen über Sprachkurse**
→ **Bescheinigungen über Computerkurse**

Beim Anschreiben, dem Lebenslauf und dem Bewerbungsfoto ist die Sache eindeutig: Sie legen die von Ihnen passgenau auf die Wunschposition erstellten Unterlagen in die Mappe. Die eventuell erstellte Leistungsbilanz gehört direkt hinter den Lebenslauf. Etwas komplizierter wird es bei den Unterlagen, die nicht zu den zwingend notwendigen Nachweisen gehören. Was

Sie in Ihrer Bewerbungsmappe bei den einzelnen Bausteinen beachten sollten, erfahren Sie aus den nachstehenden Ausführungen.

Arbeitszeugnisse: Ihre Arbeitszeugnisse sollten komplett und lückenlos vorhanden sein, denn wenn ein Arbeitszeugnis fehlt, wird man in der Personalabteilung sofort skeptisch werden und vermuten, dass Sie mit Absicht ein schlechtes Zeugnis aussortiert haben. Deshalb sollten Sie auf jeden Fall alle früheren Arbeitszeugnisse Ihrer Bewerbungsmappe beilegen. Anders sieht es dagegen mit dem Arbeitszeugnis Ihres aktuellen Arbeitgebers aus: Jeder Personalverantwortliche hat Verständnis dafür, dass Sie – in ungekündigter Stellung – nicht unnötig »schlafende Hunde wecken« wollen, indem Sie ein Zeugnis einfordern. Haben Sie aber bereits ein Zwischenzeugnis erhalten, so können Sie dieses natürlich verwenden. Grundsätzlich ist es jedoch unproblematisch, wenn ein aktueller Nachweis über Ihre Arbeitsleistungen nicht beigelegt ist.

Berufsqualifizierender Abschluss: Wahrscheinlich haben Sie eine Ausbildung durchlaufen, den Meistertitel erworben oder ein Studium erfolgreich abgeschlossen. Deshalb darf der Nachweis darüber nicht fehlen, schließlich ist Ihre Qualifizierung eine wichtige Voraussetzung für das Interesse des Unternehmens. Bei einer Berufsausbildung genügt der Nachweis der Industrie- und Handelskammer, der Handwerkskammer oder der sonst zuständigen Einrichtung. Ihr Berufsschulzeugnis müssen Sie nicht beilegen. Akademiker sollten darauf achten, dass sie nicht nur das Studienzeugnis, sondern auch die Diplom- oder Magisterurkunde beziehungsweise das Staatsexamen hinzufügen. Das Zeugnis ist nur eine Aufstellung der Leistungen, der berufsqualifizierende Abschluss wird dagegen mit der Urkunde dokumentiert.

Schulabgangszeugnis: Beim Schulabgangszeugnis gibt es keine eindeutige Linie bei Personalverantwortlichen. Manche finden, dass das Schulabgangszeugnis nach fünf Jahren Berufserfahrung nun wirklich keine Aussagekraft mehr hat, andere dagegen haben sich bei Bewerbern mit zehnjähriger Berufserfahrung oder nach fünfjährigem Studium beschwert, dass ihr Abiturzeugnis fehle. Ein Großteil findet das Schulabgangszeugnis grundsätzlich nicht aussagekräftig – möchte es aber sehen! Legen Sie deshalb Ihr Schulabgangszeugnis lieber in die Mappe, damit Sie auf der sicheren Seite sind. Schulabgangszeugnis heißt: das Zeugnis des letzten Schulabschlusses. Wenn Sie beispielsweise nach der Mittleren Reife noch die Fachhochschulreife erworben haben, genügt das Zeugnis der Fachhochschulreife.

Fortbildungsnachweise: Verwechseln Sie nicht Fortbildungsnachweise mit Weiterbildungsnachweisen. Bei Fortbildungen geht es darum, sich beruflich neu zu positionieren. Sie erwerben also einen weiteren beruflichen Abschluss, beispielsweise indem Sie nach einer Ausbildung zum Energieanlagenelektroniker sich zum staatlich geprüften Elektrotechniker fortgebildet haben. Zum Nachweis Ihrer Fortbildung müssen Sie sowohl Ihren Ausbildungsabschluss als auch die Fortbildungsurkunde Ihrer Mappe beilegen. Und auch bei Umschulungen sollten Sie die ursprünglich erworbene Ausbildungsurkunde und den in einer Umschulung erworbenen Abschluss beifügen.

Weiterbildungsnachweise: Weiterbildungen sind Schulungen, die nicht zu einem weiteren Berufsabschluss führen, beispielsweise Seminare zum Direktmarketing, zur Kostenrechnung oder zum Projektmanagement. Auch der Erwerb der Ausbildereignung oder die Weiterbildung zum Gefahrengutbeauftragten gehören in diese Kategorie. Achten Sie bei der Auswahl Ihrer Weiterbildungsnachweise sorgfältig darauf, nur diejenigen Nachweise in die Bewerbungsmappe einzusortieren, die bezüglich der anvisierten Stelle interessant sind. Bestätigungen der örtlichen Volkshochschule über Ikebanakurse oder Bildungsreisen nach Italien lassen Sie bitte weg – sonst wird der Leser unwillkürlich den Eindruck gewinnen, dass Sie Wichtiges nicht von Unwichtigem trennen können.

Bescheinigungen über Sprachkurse: Bei der Darstellung der Sprachkenntnisse zeigen sich die Personalverantwortlichen einmal großzügig: Ihre Angaben zur Bewertung Ihrer Sprachkenntnisse wird man Ihnen erst einmal glauben. Waren Sie bereits im Ausland tätig, wird man ohnehin davon ausgehen, dass Sie über gute Sprachkenntnisse verfügen. Deshalb können Sie auf Bescheinigungen über Sprachkurse ohne Probleme verzichten. Es sei denn, Sie haben anerkannte Zertifikate, wie den TOEFL, erworben: Belege über derart renommierte Sprachkurse oder -tests sollten Sie Ihren Unterlagen wiederum beifügen.

Bescheinigungen über Computerkurse: Für Computerkurse gilt das Gleiche wie für Sprachkurse: Die Beherrschung gängiger Programme wie Word, PowerPoint oder Excel wird man Ihnen glauben, wenn Sie dies im Lebenslauf angeben. Auch dann, wenn bestimmte Programmierkenntnisse zu Ihrem Beruf gehören, genügt es, wenn Sie diese lediglich im Lebenslauf aufführen. Bescheinigungen sollten Sie nur dann beilegen, wenn es sich um den Erwerb herausragender Kenntnisse handelt, beispielsweise wenn Sie sich zum Systemadministrator weiterqualifiziert haben.

Achten Sie darauf, niemals Originalbescheinigungen zu versenden. Dies ist nicht nur unnötig, sondern auch gefährlich, da auf dem Postweg immer etwas verloren gehen kann. Deshalb sollten Sie Ihre beigefügten Schriftstücke stets nur in Kopie beilegen. Überprüfen Sie aber, dass Sie saubere und gut lesbare Kopien angefertigt haben. Beglaubigte Kopien müssen Sie nur versenden, wenn es ausdrücklich gewünscht wird, wie es zum Teil noch im öffentlichen Dienst der Fall ist. Ansonsten können Sie auf Beglaubigungen verzichten.

Die richtige Reihenfolge

Sie haben entschieden, welche Bescheinigungen und Nachweise Sie mitsenden wollen – jetzt ist nur noch zu klären, in welcher Reihenfolge Sie diese in die Mappe einsortieren. Am besten ist es, wenn Sie mit den aktuellen Belegen beginnen und dann chronologisch zurückgehen. Es gilt jeweils das Ausstellungsdatum des entsprechenden Schriftstückes.

Ganz konkret werden die Unterlagen also folgendermaßen einsortiert: Obenauf liegt das Anschreiben, dann folgt der Lebenslauf mit dem Foto. Dahinter folgen die Weiterbildungsbescheinigungen, die Sie in der aktuellen Stelle erworben haben, das Arbeitszeugnis des vorherigen Arbeitgebers, dann das des vorvorhergehenden und so weiter. An vorletzte Stelle gehört der berufsqualifizierende Abschluss und an die letzte Stelle das Schulabgangszeugnis.

Sie werden die Unterlagen also auch dann, wenn Sie Blöcke im Lebenslauf gebildet haben, chronologisch einsortieren. Bitte nicht einfach alle Weiterbildungen zu einem Block zusammenfassen und dann den nächsten Block Arbeitszeugnisse bilden. Der Vorteil einer rückwärts-chronologischen Abfolge in der Bewerbungsmappe liegt darin, dass den Lesern in der Personalabteilung als Erstes die aktuellen Nachweise ins Auge fallen – und diese sind nun einmal die aussagekräftigsten.

12. Die E-Mail-Bewerbung

Firmen überlassen es immer häufiger den Bewerberinnen und Bewerbern, ob sie ihre Unterlagen per Post oder per E-Mail einsenden möchten. Grundsätzlich empfehlen wir den Versand von Bewerbungen per Post, weil eine gut aufgemachte Bewerbungsmappe unserer Erfahrung nach überzeugender wirkt. Es kommt aber vor, dass Firmen ausdrücklich eine E-Mail-Bewerbung wünschen oder Bewerber sich aus Kostengründen bevorzugt per E-Mail präsentieren. Dann gilt es einiges zu beachten.

Wenn Sie sich per E-Mail bewerben möchten, sollte sich Ihre E-Mail-Bewerbung nach Möglichkeit an einen persönlichen Ansprechpartner richten. Adressen wie personalabteilung@firma.de oder info@firma.de sind zu allgemein. Womöglich erreicht Ihre E-Mail niemals den gewünschten Adressaten, weil sie mit unerwünschter Werbung verwechselt wird. Prüfen Sie also, ob in der Stellenanzeige eine personalisierte E-Mail-Adresse wie jochen.mueller@firma.de oder frauke-schmidt@firma.de angegeben ist.

Unterschiedliche Dateianhänge sind ungünstig. Idealerweise fassen Sie Anschreiben, Lebenslauf und Foto (wenn von Ihnen gewünscht, auch die Leistungsbilanz) in einer PDF-Datei zusammen und Scans von Arbeitszeugnissen, Schulzeugnissen, und Weiterbildungsnachweisen in einer zweiten PDF-Datei. Das PDF-Format hat sich als Standard durchgesetzt und lässt sich mit dem Adobe Reader in (fast) jeder Firma öffnen.

In die eigentliche E-Mail brauchen Sie nur wenige Zeilen schreiben, beispielsweise »Sehr geehrter Herr Müller, beiliegend übersende ich Ihnen meine Initiativbewerbung als Holztechniker in der Produktionssteuerung als PDF-Anhang. Mit freundlichen Grüßen Holger Schmidt.« In der Betreffzeile der E-Mail sollte ebenfalls der angestrebte Arbeitsplatz genannt werden, zum Beispiel »Initiativbewerbung als Holztechniker in der Produktionssteuerung«. Dann weiß der Adressat gleich, worum es eigentlich geht. Verärgern Sie Personalverantwortliche nicht mit zu großen Datenmengen, mehr als zwei Megabyte sollte Ihre E-Mail-Bewerbung nicht umfassen.

13. Und nach dem Versand?

Bei einer Initiativbewerbung ist von Ihnen mehr Einsatz gefordert als bei einer Bewerbung auf eine Stellenanzeige. Dies gilt auch für die Zeit nach dem Versand Ihrer Unterlagen. Legen Sie nicht einfach die Hände in den Schoß, sondern bleiben Sie aktiv und bringen Sie sich in Erinnerung.

Außerdem sollten Sie auch darauf vorbereitet sein, dass eine Firma auf Ihre Initiativbewerbung mit einem Telefonanruf bei Ihnen reagiert. Immerhin wäre dies ein erster Etappensieg auf dem Weg zur neuen Stelle – und es wäre doch schade, wenn der bisher offenbar überzeugende Eindruck, der durch Ihre schriftlichen Unterlagen entstanden ist, durch einen unbeholfenen Auftritt am Telefon beschädigt würde.

Vorsicht Falle!
Es ist wichtig, die richtige Balance zwischen Ihren Zielen und den in den Firmen üblichen Abläufen zu finden. Es lohnt sich deshalb, sich darüber Gedanken zu machen, wie Sie diplomatisch nachfassen könnten.

Diplomatisch nachfassen

Personalverantwortliche beklagen häufig, dass Bewerber sie im Anschluss an zugesandte Bewerbungsmappen mit einem wahren Feuerwerk aus E-Mails, Anrufen und Faxen bombardieren. Dieses Vorgehen erinnert leider an zweifelhafte Haustürgeschäfte, in denen »Drücker« ihre Ware ohne Rücksicht auf die Interessen des Käufers an den Mann oder die Frau bringen wollen. Die Mehrzahl der auf diese Weise angesprochenen Personalentscheider wird die ungewollte Kontaktaufnahme schleunigst beenden. Ist eine Tür aber erst einmal zu, dann bleibt sie es auch – und zwar für immer.

Aus unserer Sicht ist es verständlich, dass die Nerven im Bewerbungsverfahren häufiger als sonst blank liegen. Es geht ja nicht nur um einen neuen Arbeitsplatz und die damit einhergehenden zwischenmenschlichen Veränderungen: In der Regel steht eine Kündigung im Raum, oder es gab Reibereien mit den Kollegen, Ärger mit dem Chef oder die Ansage einer Umstrukturierung mit ungewissen Folgen. Diese zusätzlichen Belastungen sorgen natürlich für Stress und Ärger. Aber es darf Ihnen nicht passieren, dass Sie den Druck an andere weitergeben – insbesondere nicht an diejenigen, die darüber entscheiden, ob Sie vielleicht bald eine neue Stelle antreten werden.

Das sollten Sie sich merken:
Seien Sie sich bei Ihrer Nachfassaktion bewusst, dass Sie sich im frühen Stadium des gegenseitigen Kennenlernens befinden. Deshalb ist hier Fingerspitzengefühl gefragt.

Versuchen Sie, bei Ihrem Nachhaken freundlich und souverän zu bleiben. Manche Firmen werden Verständnis für Ihren Informationsbedarf haben, andere dagegen werden eher kühl reagieren und sich keine weiteren Auskünfte entlocken lassen. Vergessen Sie nicht: Nicht nur bei Ihnen, auch in den Personalabteilungen ist die Bewerbungsarbeit mit einigem Aufwand verbunden – und zudem kommt Ihre Mappe unaufgefordert auf den Tisch. Es hilft also nicht weiter, wenn Sie ungeduldig werden und schon zwei Tage nach dem Versand Ihrer Unterlagen anrufen und fragen, ob es eine Stelle für Sie gibt. Zwei Wochen sollten Sie der angeschriebenen Firma mindestens geben, bevor Sie sich erneut in Erinnerung rufen.

Vor einem entsprechenden Telefonat mit dem Firmenvertreter rufen Sie sich bitte noch einmal Ihr Kurzprofil in Erinnerung. Legen Sie sich die Kopie Ihres Anschreibens bereit, und vergewissern Sie sich, dass Sie den Personalverantwortlichen mit dem richtigen Namen ansprechen. Liefern Sie gleich zu Beginn ein paar Schlagworte, damit Ihr Gesprächspartner Ihr berufliches Profil schnell erkennen und einordnen kann. Aber verzichten Sie bitte auf Fragen wie »Glauben Sie, dass ich eine Chance habe?« oder »Seien Sie bitte ehrlich, kann ich mit einer Einladung zum Vorstellungsgespräch rechnen?«. Damit würden Sie Ihre Gesprächspartner nur unnötig unter Druck setzen.

Günstiger ist es, zunächst einmal Gemeinsamkeiten zu betonen und auf diese Weise Interesse zu wecken. Verweisen Sie auf frühere Telefonate, Gespräche auf Fachmessen oder Kontakte zu Vertretern der Fachabteilungen. Beispielsweise so: »Vorletzten Monat hatte ich auf der Industrie-Messe ein Gespräch mit Herrn Breitenbach, Ihrem Vertriebsleiter. In diesem Gespräch erfuhr ich, dass Ihre Firma viel Wert auf eine qualifizierte Betreuung der Fachmärkte legt. Gerade in diesem Bereich verfüge ich über eine langjährige Erfahrung. Deshalb habe ich mich bei Ihnen initiativ für eine Tätigkeit im Vertrieb von Garten- und Landschaftsbaustoffen beworben und wollte nun nachfragen, ob Sie schon Zeit hatten, einmal einen Blick in meine Bewerbungsunterlagen zu werfen, die ich Ihnen vorletzte Woche zugesandt habe.«

Berücksichtigen Sie die Hinweise, die wir Ihnen in Kapitel 5 »Interesse wecken am Telefon« gegeben haben. Setzen Sie sich vor allen Dingen realistische Gesprächsziele, um sich Schritt für Schritt vorzuarbeiten. Sie werden keinen Arbeitsvertrag am Telefon angeboten bekommen, aber Sie können am Telefon noch einmal unterstreichen, dass Sie ernsthaftes Interesse an einer Mitarbeit haben und dass die Firma von Ihren Kenntnissen und Erfahrungen sicherlich profitieren wird.

Weder ein patziger Auftritt noch die Mitleidstour wird Sie hier weiterbringen. Besinnen Sie sich vor Ihrer telefonischen Nachfassaktion lieber auf Ihre beruflichen Stärken und Erfolge und betonen Sie, was die Firma durch Ihre Mitarbeit gewinnen würde. Wenn Sie dem Personalentscheider mit Ihrer Nachfassaktion zeigen, dass hinter der Initiativbewerbung ein Mensch steht, der berufliche Interessen beharrlich, aber dennoch freundlich verfolgen kann, liefern Sie ein zusätzliches Einstellungsargument. Damit kommen Sie Ihrem Ziel, einem neuen Arbeitsplatz, wieder ein Stück näher.

Die Firma meldet sich

Nicht nur Sie haben die Möglichkeit, im Anschluss an Ihre Initiativbewerbung bei der Firma nachzuhaken – auch die ein oder andere Firma wird versuchen, die Ernsthaftigkeit Ihres Wechselwunsches zu überprüfen und sich aus diesem Grund telefonisch bei Ihnen melden. Denn so mancher Bewerber verschickt seine Unterlagen dann, wenn es am momentanen Arbeitsplatz nicht so richtig läuft. Ein paar Tage später ist die Wut üblicherweise verraucht, und es soll alles wieder beim Alten bleiben. Diese wankelmütigen Gelegenheitsbewerber gilt es aus Firmensicht also rechtzeitig auszusortieren.

Zu diesem Zweck werden am Telefon gängige Fragen wie »Warum haben Sie sich bei uns beworben?«, »Was macht unsere

Firma für Sie interessant?« oder »Wie sind Sie gerade auf uns gekommen?« gestellt. Machen Sie in Ihren Antworten deutlich, dass Sie sich gründlich mit Ihrem Wechselwunsch auseinandergesetzt haben und nicht einfach aus einer spontanen Laune heraus handeln.

Vorsicht Falle!
Stellen Sie am Telefon unbedingt ein weiteres Mal Ihr Kurzprofil dar. Es ist ein weit verbreiteter Irrtum zu glauben, mit den schriftlichen Unterlagen bereits alles Wichtige gesagt zu haben – wenn Sie diesem Irrtum verfallen, vermindern Sie Ihre Überzeugungskraft!

Denken Sie an Ihr Bewerberprofil. Je plausibler Sie herausarbeiten können, auf welche Weise Sie mit den Aufgaben in der angestrebten Stelle bereits in Berührung gekommen sind, desto glaubwürdiger werden Ihre Antworten wirken. Natürlich wird man ausführliche telefonische Interviews in der Regel vorher ankündigen und nicht wie ein Überfallkommando einen Bewerber am Telefon mit detaillierten Fragenkatalogen zum bisherigen Werdegang und weiter angestrebten beruflichen Zielen konfrontieren. Selbstverständlich haben auch Sie immer das Recht, darauf hinzuweisen, dass es Ihnen im Moment gar nicht passt, Sie die Fragen der Firma aber gerne zu einem späteren Zeitpunkt beantworten würden.

Es kommt immer häufiger vor, dass ein Firmenvertreter sich von einer Initiativbewerbung angesprochen fühlt, aber vor einer Einladung zu einem Vorstellungsgespräch erst einmal Grundsätzliches mit Ihnen abklären möchte. Schließlich ist die Einladung zu einem Vorstellungsgespräch für das Unternehmen mit nicht unerheblichen Kosten verbunden: Ihre Anreise, eventuell eine Übernachtung und die Zeit, die der Personalverantwortliche und vielleicht ein Fachvorgesetzter mit Ihnen verbringen, kosten eine Menge Geld. Telefoninterviews werden deshalb zu einem immer beliebteren Instrument aufseiten der Personalabteilungen.

Nutzen Sie die Chance, sich im Telefonkontakt als umgängliche Person zu zeigen, die weiß, was sie will und was sie für die neue Firma leisten kann. Liefern Sie überzeugende Gründe dafür, warum Sie zu dem neuen Unternehmen wechseln wollen, und machen Sie plausibel, dass dieser Wechsel Ihrer Weiterentwicklung dient. Dann wird auch der Wunsch bei Ihrem Gesprächspartner aufkommen, Sie in einem »echten« Vorstellungsgespräch besser kennen lernen zu wollen.

Mit Einsatz überzeugen

Mit der Initiativbewerbung haben Sie ein erstklassiges Instrument, um von sich aus auf interessante Firmen zuzugehen. Die bewusste Entscheidung für einen neuen Arbeitgeber erfordert viel Eigeninitiative. Sie wird sich aber für Sie lohnen, wenn Sie dadurch eine Stelle finden, die zu Ihnen und Ihren beruflichen Stärken passt.

Unvorbereitete Bewerber vergeben leichtfertig Chancen. Oberflächliche Anschreiben und Standardlebensläufe erwecken den Eindruck von Massenbewerbungen. Personalverantwortliche reagieren recht ungehalten auf solche Zeitdiebe. Initiativbewerbungen müssen auf den ersten Blick prüfungswürdige Einstellungsgründe enthalten, damit die Beschäftigung mit ihnen lohnt.

Sie haben in diesem Ratgeber erfahren, was von Ihnen an Vorarbeit erwartet wird und wie Sie diesen Erwartungen mit Ihrer Initiativbewerbung gerecht werden können. Sie wissen jetzt, dass Sie tatsächlich viel Initiative zeigen müssen, um überzeugen zu können. Ihr berufliches Profil haben Sie Schritt für Schritt herausgearbeitet, und vor allem können Sie es nun anderen auch vermitteln. Auch auf Ihre Vorstellungsgespräche sollten Sie sich gut vorbereiten. Nutzen Sie unsere 15-teilige Videoserie, die wir mit *Focus Online* produziert haben. Die Videos und weitere Angebote finden Sie unter www.karriereakademie.de.

Für Ihre Initiativbewerbung wünschen wir Ihnen viel Erfolg!
Christian Püttjer & Uwe Schnierda

Register